概率论与数理统计

张学叶 林永强 / 主编

延吉·延边大学出版社

图书在版编目（CIP）数据

概率论与数理统计 / 张学叶，林永强主编. -- 延吉：延边大学出版社，2023.11

ISBN 978-7-230-05784-4

Ⅰ. ①概… Ⅱ. ①张… ②林… Ⅲ. ①概率论－高等学校－教材②数理统计－高等学校－教材 Ⅳ. ①O21

中国国家版本馆 CIP 数据核字(2023)第 224198 号

概率论与数理统计

主　　编：张学叶　林永强
责任编辑：董德森
封面设计：文合文化
出版发行：延边大学出版社
社　　址：吉林省延吉市公园路 977 号　　邮　　编：133002
网　　址：http://www.ydcbs.com
E-mail：ydcbs@ydcbs.com
电　　话：0433-2732435　　传　　真：0433-2732434
发行电话：0433-2733056
印　　刷：河北创联印刷有限公司
开　　本：787 mm×1092 mm　1/16
印　　张：10.25　　字　　数：211 千字
版　　次：2023 年 11 月 第 1 版
印　　次：2023 年 11 月 第 1 次印刷
ISBN 978-7-230-05784-4

定　　价：68.00 元

前　言

“概率论与数理统计”是一门重要的数学课程，旨在帮助学生理解概率理论和统计原理，并用学到的知识去解决实际问题. 本书向读者介绍了概率论和数理统计的核心概念、方法和应用，旨在帮助读者直观地理解统计概念，并能够对方法的理论根据有基本的认识.

本书共八章，前四章为概率论部分，后四章为数理统计部分. 概率论研究的是不确定性和随机性，这一部分主要包括概率论的基础内容，如随机变量及其分布，大数定理和中心极限定理等. 数理统计主要研究如何从收集到的数据中获取有关总体特征的信息，这一部分主要讲述统计方法，利用统计方法进行参数估计、假设检验等分析，以便从数据中提取有用的信息，做出科学合理的决策.

本书强调各种数学方法的应用，适合初次接触概率论与数理统计的读者阅读. 本书由重庆移通学院的张学叶和西南政法大学的林永强主编，张学叶负责第一章至第五章，约 15 万字，林永强负责第六章至第八章，约 6 万字。由于水平有限，书中难免存在疏漏，恳请读者提出宝贵的意见和建议，以便我们及时做出修订.

编　者

前 言

目　录

第 1 章　概率论基础

1.1　概率论的重要性及其历史发展

1.1.1　概率论的重要性

概率论是研究自然界中随机现象规律的数学方法. 随着经济的发展，概率论在科学研究和实际生活中的应用越来越广泛. 有研究表明，在目前使用因果建模的大多数学科中，概率论是公认的数学语言. 在这些学科中，研究人员不仅关注是否存在因果关系，还关注这些关系的相对强度，以及从充满噪声的观察数据中推断这些关系的方法. 在统计分析方法的帮助下，概率论提供了处理这些观察数据并从中获取推断的原理与方法.

1.1.1.1　决策支持与风险管理

概率论在决策制定和风险管理中发挥着重要作用. 它可以帮助决策者量化不确定性并估计可能发生的结果.

（1）金融风险管理.

在金融领域，概率模型被用来估计各种投资的风险，如股票、债券、期权等. 这有助于投资者制定风险适应性投资策略.

（2）医疗决策.

在医学领域，概率模型被用来评估各种治疗方法的效果和患者的生存率. 医生和患者可以基于这些概率信息来选择治疗方法.

（3）保险业.

保险公司利用概率模型对保险产品进行定价，进行风险管理. 保险公司需要考虑各种风险因素，如自然灾害、被保险人的健康状况等.

1.1.1.2　科学研究

（1）物理学.

在量子力学中，概率论被用来描述微观粒子的行为. 波函数的模的平方用来表示微观粒子出现在不同位置的概率分布.

（2）生物学.

遗传学研究中的基因传递和变异也涉及概率论知识. 概率模型被用于解释基因型和表型之间的关系.

（3）化学.

在化学反应中， 概率模型被用来描述化学反应的速率及其产物的分布，这有助于理解反应机制.

1.1.1.3　工程和技术

（1）通信领域.

a.信道容量分析.

信道容量是指在给定信道条件下传输信息的最大速率. 概率论可用于分析信道的噪声特性和信息传输的可靠性，以确定信道容量的上限.

b.误差校正编码.

概率论可用于设计、分析误差校正编码方案，以在信道传输中检测误差校正编码并纠正其中的错误. 例如，在信息论中，概率模型被用于汉明码和卷积码的性能分析.

c.调制方案设计.

通信系统中的调制方案（如调幅调制、调频调制等）经常受到噪声的影响. 概率论可以帮助工程师设计适应不同信道条件的调制方案，以最大限度地提高信号传输的可靠性.

d.多径信道建模.

在移动通信中，信号传输经常受到多径传播效应的影响. 概率论被用于建立多径信道模型，从而更好地理解信道特性并改进系统设计.

e.队列理论.

在网络通信中，队列理论利用概率论来分析数据包的排队和传输延迟等问题，这有助于网络性能的分析和优化.

（2）计算机科学.

a.随机算法.

概率论的算法在计算机科学领域的随机算法中被用来解决复杂问题. 如快速排序算法和蒙特卡洛模拟在大数据处理和优化问题中被广泛应用.

b.概率数据结构.

概率数据结构（如布隆过滤器和随机化搜索树）利用概率论的算法来提高数据检索和存储的效率.

c.概率图模型.

概率图模型主要包括贝叶斯网络和马尔可夫网络，它们在机器学习、自然语言处理和图像处理中发挥着重要作用.

（3）电子工程.

电子工程涉及电子电路设计和电子器件分析等内容，概率论在该领域的应用如下：

a.噪声分析.

概率模型被用于分析电子电路中的噪声来源，如热噪声和量子噪声. 这对于设计低噪声放大器和通信系统至关重要.

b.电子器件可靠性.

概率论在电子器件的寿命和可靠性分析中被用于估计电子器件的失效率和可靠性指标. 这有助于提前发现潜在的故障和改进设计.

1.1.1.4 社会科学

（1）经济学.

a.市场行为建模.

概率模型常被用于描述市场参与者的决策和行为. 通过分析不确定性因素，经济学家可以更准确地预测市场的动态变化.

b.消费者选择模型.

概率论被用于建立消费者的选择模型，以了解消费者如何做出购买决策. 这有助于企业制定市场战略和定价策略.

c.货币政策分析.

中央银行和政策制定者利用概率模型来评估各种货币政策对通货膨胀、失业率和经济增长的影响，以便制定更有效的货币政策.

（2）心理学.

a.实验数据分析.

心理学家常常利用实验来研究人的认知和行为. 概率论可以帮助他们分析实验数据，确定所观察到的效应是否具有统计意义，以及这些效应的概率分布是怎样的.

b.随机性建模.

在心理学研究中，许多因素都具有随机性，如个体差异、情绪波动和随机噪声. 概率模型能够帮助心理学家在考虑到这些随机因素的基础上建立更准确的认知模型.

（3）社会学.

a.调查数据分析.

社会学研究常涉及调查和统计数据的收集. 概率论被用于分析调查和统计所得的数据，以获得关于社会现象和趋势的有关信息. 同时，社会学家还需要考虑抽样误差和不确定性，以确保他们的研究结果具有可靠性.

b.社会网络建模.

社会学家利用概率图模型来研究社会网络的结构和动态. 这有助于理解社会关系、信息传播和社会影响.

1.1.1.5　医学和生物统计

（1）流行病学.

a.疾病传播建模.

概率模型在流行病学中被用于建立疾病传播的数学模型. 这些模型包含了人口密度、人际接触率、感染率等因素，并用概率分布来描述疾病在人群中的传播方式. 通过这些模型，流行病学家可以预测疫情的蔓延趋势，制定干预措施.

b.流行趋势分析.

通过分析历史流行病数据，流行病学家可以利用概率分布来估计未来的疾病暴发概率，有助于及早采取预防措施.

c.疫苗效果评估.

概率论可以用于疫苗的临床试验和效果评估. 疫苗的有效性通常是通过比较已接种

疫苗和未接种疫苗的人群的发病概率来进行评估的.

（2）临床试验.

a.试验设计.

在临床试验的设计阶段，概率模型被用于确定样本的大小、随机分组和试验持续时间等关键参数. 这有助于确保试验结果的统计有效性.

b.数据分析.

临床试验的数据分析通常使用概率统计方法，如假设检验和置信区间分析. 这些方法可用于确定药物的疗效、副作用等方面的统计显著性.

c.生存分析.

在癌症的研究和临床治疗中，概率模型常被用于估计患者的生存概率和风险因素.

1.1.2 概率论的起源和发展

1.1.2.1 古代概率思想

古代概率思想的萌芽可以追溯到古希腊时期，这一时期的哲学家开始关注必然性与偶然性之间的差异. 亚里士多德是最早研究概率的哲学家之一，他提出了必然性和偶然性之间的区别. 他认为，必然性是根据原因和规律性发生的事件，而偶然性是没有明显原因或规律的事件. 这种对必然性和偶然性的辨析为后来概率论的发展奠定了一定基础.

1.1.2.2 古典概率

三四百年前的欧洲，许多国家的贵族之间盛行赌博之风，掷骰子是一种常见的赌博方式，赌徒们最关心的就是如何在赌博中获胜. 17 世纪中叶，法国有一位热衷于掷骰子游戏的贵族发现了这样的事实：将一枚骰子连掷 4 次时，至少出现一个 6 点的机会比较多，而同时将两枚骰子掷 24 次时，至少出现一次双 6 点的机会却很少. 随后法国数学家帕斯卡、费马及荷兰数学家惠更斯基于排列组合方法，研究利用古典概率模型解决一些问题，如分赌注问题、赌徒输光问题等.

18~19 世纪，随着科学文明的发展，人类面临和要解决的问题也越来越多. 后来，人们注意到之前为解决赌博问题而提出的那些方法还可以用于解决人口统计、误差理论、产品检验和质量控制等问题.

1.1.2.3 拉普拉斯的贡献

法国数学家皮埃尔-西蒙·拉普拉斯在18世纪为概率论的发展做出了巨大贡献. 他的主要工作包括提出概率的公理化定义和拉普拉斯概率，发展了贝叶斯概率理论等.

（1）概率的公理化定义.

拉普拉斯提出了概率的公理化定义，将概率理论从经验观察的范畴发展为更加严谨的数学框架. 他认为，概率是一种可以用数学公式表示的数值，用于描述不确定事件的可能性.

（2）拉普拉斯概率.

拉普拉斯引入了等可能性事件的概念，即所有可能的事件具有相等的概率. 这种方法在概率空间中的均匀分布和经典概率问题中有广泛应用.

1.1.2.4 统计学与概率论的融合

19世纪，统计学家高斯和皮尔逊将概率论与统计学相结合，开创了现代统计学的基础.

（1）正态分布.

高斯专注于曲面与曲线的计算，并成功得到高斯钟形曲线（正态分布曲线），其函数被命名为标准正态分布（或高斯分布），这一分布模型被广泛用于描述自然界和社会现象中的数据分布，是概率论和统计学中的重要概念之一.

（2）极大似然估计.

皮尔逊引入了极大似然估计的概念，这是一种统计估计方法，用于确定参数的最佳估计值. 这一方法在统计推断中被广泛应用.

1.1.2.5 概率论的发展

20世纪，随着计算机技术和现代数学的发展. 同时也是为了满足科学技术发展的迫切需要，概率论再度迅速发展.

（1）蒙特卡洛模拟.

随着计算机技术的崛起，蒙特卡洛模拟方法成为解决复杂概率问题的有力工具. 它通过模拟随机事件的多次重复来估计概率.

（2）贝叶斯统计.

贝叶斯统计理论在 20 世纪迅速发展. 它强调了如何使用先验信息和观测数据来更新概率分布，更多地被应用于机器学习和数据分析中.

1.1.2.6 现代概率论

现代概率论涵盖众多概念和方法，如概率空间、随机变量、大数定理、中心极限定理等. 它不仅为统计学和数学提供了深厚的理论基础，还被广泛应用于信息论、控制理论、机器学习等领域中.

概率论的发展历程充分体现了人类对不确定性和随机性的理解与掌握.

1.2 随机试验与样本空间

1.2.1 随机试验

随机试验是概率论的基本概念. 满足以下三个条件的试验称为随机试验 E，简称试验.

a.在相同条件下可以重复进行；

b.每次试验的结果不止一个，但能事先明确试验所有可能的结果；

c.进行一次试验之前，不能确定会出现哪一个结果.

1.2.1.1 试验

（1）试验的定义.

随机试验首先需要明确定义一个试验过程，可以是物理实验，如掷硬币、掷骰子；也可以是数据观测，如记录某一事件的发生与否；甚至可以是计算机模拟某一现象的随机性.

（2）试验的目的.

试验的目的通常是研究某一事件、现象或问题，并通过观察或模拟试验的结果来获得有效信息. 例如：通过掷硬币的试验，可以研究硬币的正面和反面出现的概率.

1.2.1.2 随机性

（1）不确定性.

试验的结果是不确定的，即在相同的条件下可以产生不同的结果. 这种不确定性是概率论的核心特征. 例如，在掷硬币时，无法预测每一次掷硬币的结果是正面还是反面.

（2）随机因素.

随机性是由随机因素引起的，这些因素可能包括物理性质、自然现象、人类行为等. 例如，在掷硬币的试验中，空气阻力、投掷力度等因素都会影响硬币的落地结果.

1.2.1.3 可重复性

（1）多次实验.

随机试验具有可重复性，这意味着试验可以在相同的条件下重复进行. 通过多次实验，可以获取更多的数据和信息，以便更准确地估计事件发生的概率或性质. 例如，可以通过多次掷硬币来估计硬币正面朝上的概率.

（2）统计推断.

可重复性也为统计推断提供了基础. 利用统计方法对多次重复试验的结果进行统计分析，以此来推断总体的性质. 例如，通过对多次掷硬币的结果进行统计，估计硬币正反面出现的概率.

1.2.2 样本空间的定义和性质

1.2.2.1 样本空间的定义

由所有可能的试验结果构成的集合称为该试验的样本空间，通常用符号 Ω表示. 样本空间中的每个元素，称为样本点. 样本空间是概率论中的重要概念，它包含了试验的所有可能结果，为后续的概率计算和事件定义提供了基础.

1.2.2.2 样本空间的性质

（1）互斥性

互斥性指的是样本空间中的元素之间相互排斥，即试验的任意两个结果不会同时发生. 互斥性保证了每次的试验只会出现一种结果，而不会出现多种结果的混合.

例如，在掷骰子的实验中，样本空间 $\Omega=\{1,\ 2,\ 3,\ 4,\ 5,\ 6\}$，其中每个元素表示每次掷一枚骰子时可能出现的点数，这些点数是互斥的，掷骰子时不可能同时出现多个点数.

（2）完备性

样本空间包含了试验的所有可能结果，没有遗漏. 这意味着任何一种可能的结果都可以在样本空间中找到对应的元素. 完备性是确保概率计算的重要性，因为它确保了所有可能性都被考虑到.

继续以掷骰子的实验为例，每次掷一枚骰子时，样本空间 $\Omega=\{1,2,3,4,5,6\}$ 包含了所有可能的骰子点数，没有遗漏任何一个点数.

（3）等可能性

在某些情况下，每个样本点都有相同的发生概率，这被称为等可能事件. 这意味着样本空间中的每个元素发生的概率都相等. 等可能性通常在离散均匀分布的情况下成立，其中每个结果发生的概率相等.

例如，在一个公平的硬币投掷试验中，样本空间 $\Omega=\{$正面，反面$\}$，正面和反面出现的概率都是 1/2.

1.3 事件与事件的运算

1.3.1 事件的定义

事件是样本空间中的一个子集，用来表示试验可能发生的结果组合. 通常用大写字母（如 A、B 等）来表示. 事件也属于概率论的基本概念，它能够描述和分析试验的各种可能性.

1.3.1.1 事件的本质

事件是对随机试验的可能结果的一种描述方式. 随机试验是一个具有不确定性和随机性的过程，其结果通常是不确定的. 为了更好地理解和分析这种不确定性，引入了事件的概念.

1.3.1.2 事件的符号表示

事件通常用大写字母表示，如 A、B、C 等. 这些大写字母代表了试验可能出现的某种结果或结果组合. 例如，如果进行一次掷骰子的试验，可以定义事件 A 表示掷出的点数是偶数，定义事件 B 表示掷出的点数是质数.

1.3.1.3 事件的作用

（1）讨论和研究特定结果的概率

事件可以明确地表示出研究人员感兴趣的结果，然后计算这些事件发生的概率，从而进行概率分析.

（2）分析复杂试验

随机试验可能涉及多个事件的组合，如掷 2 次骰子，可以定义事件 A 为第一次掷出偶数点数，定义事件 B 为第二次掷出奇数点数，然后分析事件 $A \cap B$，即两次都满足条件的情况.

（3）进行决策和预测

事件的定义为决策和预测提供了依据. 在风险评估、金融分析和工程设计等领域，可以通过定义事件来描述可能的风险和结果，然后基于概率进行决策.

1.3.2 事件的运算

事件的运算包括并（∪）、交（∩）和补（$'$或 ^{c}）三种主要操作.

（1）事件的并（∪）

事件 A 与事件 B 的并，表示为 $A\cup B$，包括既属于事件 A 又属于事件 B 的所有结果. 形式化的表示为

$$A\cup B=\{x|x\in A \text{ 或 } x\in B\}.$$

例如，如果事件 A 表示每次掷一枚骰子的结果为奇数，记为 A={1，3，5}，事件 B 表示每次掷一枚骰子的结果为质数，记为 B={2，3，5}，则 $A\cup B$ 表示结果为奇数或质数，记为

$$A\cup B=\{1，2，3，5\}.$$

（2）事件的交（∩）

事件 A 与事件 B 的交，表示为 $A\cap B$，包括同时属于事件 A 和事件 B 的结果. 形式化的表示为

$$A\cap B=\{x|x\in A \text{ 且 } x\in B\}.$$

例如，如果事件 A 表示每次掷一枚骰子的结果为奇数，记为 A={1，3，5}，事件 B 表示每次掷一枚骰子的结果为质数，记为 B={2，3，5}，$A\cap B$ 表示结果既是奇数又是质数，即 $A\cap B$={3，5}.

（3）事件的补（'或 ^{c} ）

事件 A 的补，表示为 A'或 A^c，包括不属于事件 A 的所有结果. 形式化的表示为

$$A'=\{x|x\in \Omega \text{ 且 } x\notin A\}.$$

其中，Ω表示样本空间.

例如，如果事件 A 表示每次掷一枚骰子的结果为奇数，记为 A={1，3，5}，Ω表示每次掷一枚骰子可能出现的所有点数，即 Ω={1，2，3，4，5，6}，则事件 A'表示结果不是奇数的点数，即 A'={2，4，6}.

1.3.3 事件的性质

事件的运算具有一些重要性质.

（1）交换律.

事件的并和交满足交换律，表示为

$$A\cup B=B\cup A，A\cap B=B\cap A.$$

（2）结合律.

事件的并和交满足结合律，表示为

$$(A\cup B)\cup C=A\cup(B\cup C),\quad (A\cap B)\cap C=A\cap(B\cap C).$$

（3）分配律

事件的并和交满足分配律，表示为

$$A\cup(B\cap C)=(A\cup B)\cap(A\cup C),\quad A\cap(B\cup C)=(A\cap B)\cup(A\cap C).$$

1.4　概率的公理化定义

1933 年，数学家科尔莫哥洛夫综合当时的大量研究成果，首次提出了概率的公理化定义，明确定义了概率等基本概念，使概率论成为严谨的数学分支. 这个定义包括了三个关键公理，即非负性、规范性和可列可加性. 这些公理构成了概率论的基础，确保了概率的一致性和可靠性.

1.4.1 非负性

（1）非负性的含义.

非负性公理规定了任何事件的概率都必须是非负的，即概率值不可以为负数. 这一公理强调了概率的非负性质，反映了概率是一种度量随机事件发生可能性的工具，它不应该具有负面的意义.

（2）非负性的数学表达.

非负性公理的数学表达式为

$$P(A)\geqslant 0.$$

其中，$P(A)$ 代表事件 A 的概率. 这意味着无论事件 A 有多复杂或多不可能发生，其概率值始终大于或等于零.

（3）非负性的意义.

非负性公理确保了概率的合理性和一致性. 它排除了概率为负数的情况，避免概率在数学上造成矛盾. 非负性的重要性在于它为概率提供了清晰的基础，有助于对事件发生的可能性进行合理的量化和比较.

1.4.2 规范性

规范性公理规定，整个样本空间 Ω 的概率必须为 1，即事件 Ω 的概率是确定的，并且等于 1.

（1）规范性的含义.

规范性公理强调了概率在样本空间中的完备性，它表示在任何随机试验中，必定会出现某个结果，样本空间的所有可能结果的概率之和等于 1.

（2）规范性的数学表达.

规范性公理的数学表达式为

$$P(\Omega)=1.$$

（3）规范性的意义.

规范性公理确保了概率的一致性. 它指导人们将样本空间中所有可能的事件的概率之和设定为 1，这表示可以将概率解释为事件在样本空间中的相对频率. 规范性的重要性在于它确保了概率理论的内在一致性和可应用性.

1.4.3 可列可加性

可列可加性公理规定，对于任意两个不相容的事件 A_1 和 A_2，它们的并集的概率等于它们各自概率的和.

（1）可列可加性的含义.

可列可加性公理强调了事件组合的概率性质，当考虑多个不相容事件的并集时，可以通过将它们的概率相加来计算整个并集的概率.

（2）可列可加性的数学表达.

可列可加性公理的数学表达式为

$$A（A_1 \cup A_2 \cup \cdots）=P（A_1）+P（A_2）+\cdots.$$

其中，A_1 和 A_2 是不相容的事件.

（3）可列可加性的意义.

可列可加性公理提供了一种有效计算复杂事件概率的方法. 它将问题分解为单个事件的概率计算，然后通过求和来得到整个事件的概率. 它为概率的计算提供了便利，使其具有可行性.

a.复杂事件的分解.

可列可加性有助于将复杂事件分解为多个简单事件. 当遇到复杂的随机事件或试验时，通常可以将其拆分为若干不相交的子事件. 分别计算这些子事件的概率，然后通过可列可加性将它们的概率相加，得到整个复杂事件的概率. 这种分解方法和计算方法使概率分析变得可行.

b.概率密度函数的性质.

可列可加性有助于理解概率密度函数的性质. 连续型随机变量可以有无限多个可能的取值，因此无法通过简单的列举来计算其概率. 通过对连续型随机变量的取值范围进行分割，将问题转化为对无数个小区间的概率计算，然后通过积分来得到其概率.

c.事件组合和概率模型.

可列可加性的应用范围还包括事件组合和概率模型的建立. 在现实问题中，通常需要考虑多个事件的组合和相互作用. 可列可加性有助于将多个事件的概率组合成更复杂的事件，并且保持概率的一致性. 这为建立概率模型和分析多个因素对事件发生的影响提供了坚实的理论基础.

d.数学建模和实际应用.

可列可加性的数学性质使其在数学建模和实际应用中得到广泛应用. 例如，在统计学、工程、金融和自然科学等领域，研究人员经常需要处理多个事件的组合，进行概率分析和预测. 可列可加性公理为这些问题提供了解决方案.

1.5　条件概率与独立性

1.5.1 条件概率

（1）数学表达.

条件概率的数学表达基于联合概率的概念. 假设有事件 A 和事件 B，它们分别表示事件 A 和事件 B 的发生. 条件概率 $P(B|A)$ 表示在已知事件 A 发生的情况下，事件 B 发生的概率. 条件概率的计算公式为

$$P(B|A)=\frac{P(A\cap B)}{P(A)}. \tag{1-1}$$

其中：$P(A\cap B)$ 表示事件 A 和事件 B 同时发生的概率，$P(A)$ 表示事件 A 发生的概率. 通过这个公式，可以计算在已知事件 A 发生的条件下，事件 B 发生的概率.

（2）条件概率在医学诊断中的应用.

条件概率在医学诊断中被广泛应用.

假设 A 表示某人患有某种罕见疾病，B 表示医学测试结果为阳性. 医生需要确定在已知患者患病的情况下，测试结果为阳性的概率，即 $P(B|A)$. 这个概率对于决定是否需要进一步的检查和治疗非常关键. 通过计算条件概率，医生可以更准确地评估患者的疾病风险，从而制定有效的治疗方案.

（3）特性和性质.

条件概率具有一些重要的特性和性质：

非负性：条件概率始终是非负的，即对于任何事件 A 和 B，$P(B|A)\geqslant 0$.

规范性：整个样本空间Ω的条件概率为 1，即 $P(\Omega|A)=1$.

可列可加性：条件概率满足可列可加性，即对于任意两个不相容的事件 B_1 和 B_2，它们的并集的条件概率等于它们各自的条件概率之和，即 $P(B_1\cup B_2|A)=P(B_1|A)+P(B_2|A)$.

1.5.2 独立事件的概念

独立事件是概率论中的重要概念，它描述了两个或多个事件之间不互相影响的情况. 具体来说，如果事件 A 的发生不影响事件 B 的概率，或者事件 B 的发生不影响事件 A 的概率，则称这两个事件是相互独立的. 在独立事件中，一个事件的发生与其他事件的发生是相互独立的，彼此之间没有因果关系或依赖关系.

1.5.2.1 数学表达

独立事件的数学表达是通过概率的乘法规则来描述的. 如果事件 A 和事件 B 是独立事件，那么它们的联合概率等于它们各自的概率的乘积. 数学表达式为

$$P(A\cap B)=P(A)P(B). \tag{1-2}$$

式（1-2）表明，事件 A 和事件 B 的交集的概率等于事件 A 发生的概率乘以事件 B 发生的概率.

为了更好地理解独立事件的概念，下面举例说明.

假设事件 C 表示掷硬币的结果是正面，事件 D 表示掷骰子的结果是 1. 这两个事件显然是独立的，因为掷硬币的结果不会影响掷骰子的结果，反之亦然. 根据乘法规则，可以计算出事件 C 和事件 D 同时发生的概率：

$$P(C\cap D)=P(C)P(D).$$

式中，P（C）表示掷硬币正面朝上的概率，$P(D)$ 表示掷骰子的结果是 1 的概率. 由于这两个事件是独立的，它们的联合概率可以通过各自的概率相乘来计算.

1.5.2.2 性质

独立事件具有一些重要的性质.

（1）互斥事件不独立.

如果两个事件是互斥事件，即它们不能同时发生，那么它们不是独立事件. 这是因为独立事件的定义要求两个事件之间不互相影响. 在互斥事件中，如果一个事件发生，另一个事件必然不会发生，这就意味着它们之间存在依赖关系，不满足独立性的要求.

例如，考虑一个掷硬币的情况，事件 A 表示硬币正面朝上，事件 B 表示硬币反面朝上. 这两个事件是互斥的，因为硬币不能同时正反面朝上. 因此，它们不是独立事件.

（2）独立事件的补事件也独立.

如果事件 A 和事件 B 是独立事件，那么它们的补事件 A'和 B'也是独立事件. 这是因为事件 A 和事件 B 不影响它们的补事件的概率. 补事件表示了与原事件相反的结果，但与原事件的发生或不发生无关.

例如，假设事件 A 表示掷骰子的结果为奇数，事件 B 表示掷硬币的结果为正面. 这两个事件是独立事件，因为掷骰子的结果不会影响掷硬币的结果，反之亦然. 现在考虑它们的补事件，即 A'表示掷骰子的结果为偶数，B'表示掷硬币的结果为反面. 这两个补事件也是独立的，因为它们的概率与原事件的独立性无关.

（3）独立事件的有限组合仍然独立.

如果事件 A_1，A_2，… ，A_n 是一组独立事件，那么它们的任意有限组合仍然是独立事件. 这意味着在这组事件中，可以任意选择若干个事件组合在一起，它们仍然是独立的.

例如，考虑一组硬币抛掷事件，其中每次抛掷都是独立事件. 事件 A_1 表示第一次抛掷结果为正面，事件 A_2 表示第二次抛掷结果为正面，照此类推. 这些事件都是独立的. 假设将事件 A_1、A_2 和 A_3 组合在一起，它们的组合仍然是独立事件.

1.6 贝叶斯定理

1.6.1 贝叶斯定理的引入

贝叶斯定理是概率论中的重要理论工具，它以英国数学家托马斯·贝叶斯的名字命名，贝叶斯定理也被称为贝叶斯公式或贝叶斯规则，是概率统计中应用所观察到的现象对有关概率分布的主观判断（即先验概率）进行修正的标准方法. 贝叶斯定理的引入源于对不确定性和概率性事件的建模需求. 以贝叶斯公式为基础的贝叶斯分类是一种经典的有监督机器学习方法，已成为机器学习和人工智能等领域的重要内容之一.

在日常生活中，常常需要基于已知信息来调整人们对某些事件的信念或概率估计. 例如，在医学诊断中，医生可能需要结合患者的症状和先前的医疗历史，来确定某种疾病的概率. 贝叶斯定理提供了一种理论框架，使人们能够在面对不确定性问题时进行合理的推理，并做出有效决策.

1.6.2 贝叶斯定理的表述

对于事件 A 和事件 B，当 $P(B)>0$，利用条件概率公式得到贝叶斯公式：

$$P(A|B)=\frac{P(A)P(B|A)}{P(B)}. \tag{1-3}$$

其中：$P(A|B)$ 表示在已知事件 B 发生的情况下，事件 A 发生的概率，称为 A 的后验概率；$P(A)$ 表示事件 A 的先验概率，即在没有任何其他信息的情况下，对事件 A 发生的概率的初始估计；$P(B|A)$ 表示在已知事件 A 发生的情况下，事件 B 发生的概率，称为 B 的后验概率（也可称为似然）；$P(B)$ 表示事件 B 的边缘概率，即事件 B 发生的总概率.

式（1-3）表明，通过将先验概率与似然相乘，然后除以边缘概率，可以计算出在已知事件 B 发生的情况下，事件 A 的后验概率.

1.6.3 贝叶斯定理的应用

（1）医学诊断.

医学诊断是贝叶斯定理的一个重要应用领域. 在医学领域中，医生常常需要基于患者的症状、临床检查结果和医疗历史等信息来确定患者患病的概率. 贝叶斯定理提供了一种有力的工具，帮助医生更准确地做出诊断和治疗决策.

假设有一个新冠病毒的检测. 需要考虑以下信息：

事件 A 表示患者的症状和临床检查结果，如咳嗽、发热、喉咙痛等；

事件 B 表示患者确实感染了新冠病毒.

在这种情况下，我们希望计算后验概率，即在已知患者的症状和检查结果的情况下，患者确实感染新冠病毒的概率，即 $P(B|A)$. 这个概率可以帮助医生更好地判断患者是否需要进行隔离、治疗或采取其他措施.

（2）垃圾邮件过滤.

垃圾邮件过滤是另一个贝叶斯定理的典型应用. 在电子邮件系统中，常常需要判断一封邮件是否为垃圾邮件. 为了做出这个判断，需要考虑以下信息：

事件 A 表示邮件的内容和特征，如包含的关键词、发件人信息等；

事件 B 表示邮件确实是垃圾邮件.

通过计算后验概率 $P(B|A)$，可以估计在已知邮件的内容和特征的情况下，这封邮件确实是垃圾邮件的概率. 如果 $P(B|A)$ 的值较高，那么就可以将该邮件分类为垃圾邮件，从而提高电子邮件系统的过滤效率.

（3）金融风险管理.

在金融领域，贝叶斯定理被用于评估投资组合的风险. 投资者需要考虑不同资产类别的历史数据和市场动态，以决定如何分配资本. 在这个过程中，可以利用贝叶斯定理来更新对各种资产的风险估计.

例如，假设有股票 A 和股票 B，想要计算在已知股票 A 的历史波动率和市场风险情况下，股票 B 的未来风险. 结合已知信息和新的市场数据，利用贝叶斯定理可以计算出股票 B 的后验风险概率. 这有助于投资者更明智地调整其投资组合，将风险最小化.

（4）机器学习.

在机器学习领域中，朴素贝叶斯分类器常被用于文本分类和模式识别. 朴素贝叶斯分类器是一种基于贝叶斯定理的分类算法，它假设不同特征之间相互独立，简化了计算过程，并在许多自然语言处理任务中有出色表现.

（5）自然语言处理.

在自然语言处理中，贝叶斯方法被用于语言模型和信息检索. 通过统计单词或短语在文本中的出现频率，利用贝叶斯方法来判断某个文档与查询条件之间的相关性. 这在搜索引擎中是非常有用的，因为它可以帮助搜索引擎确定哪些文档与用户的查询条件最相关，从而提供更好的搜索结果.

另外，贝叶斯方法也被广泛应用于自然语言处理任务，如情感分析、实体识别、语音识别等. 它可以用于文本数据中概率关系的建模，以提高自然语言处理系统的性能.

（6）生物信息学.

在生物信息学领域，贝叶斯网络是一种常用的工具，用于基因表达、蛋白质互作和遗传变异等复杂的生物过程的建模. 贝叶斯网络是一种概率图模型，它可以帮助研究人员理解生物系统中不同分子之间的关系.

例如，贝叶斯网络可以用来分析基因表达数据，帮助确定哪些基因在特定生物过程中起关键作用. 通过研究基因之间的依赖关系的概率图模型，研究人员可以揭示基因调控网络的结构和功能.

第 2 章　随机变量与概率分布

2.1　随机变量的定义与分类

2.1.1 随机变量的引入

2.1.1.1　随机变量的概念

顾名思义，随机变量就是“其值随机会而定”的变量，正如随机事件是“其发生与否随机会而定”的事件一样. 关于随机变量的研究，是概率论的中心内容. 随机变量被用来处理随机性和不确定性，它帮助研究人员将随机试验的结果与概率联系起来，以便进行更深入的数学分析. 在引入随机变量之前，首先明确下面三个重要概念.

（1）随机试验.

随机试验是一类可以在相同条件下重复进行的实验或观察，其结果是不确定的，但具有一定的概率规律性. 掷一枚硬币、抽一张扑克牌、测量一个人的身高等都可以视为随机试验.

（2）样本空间.

本书 1.2.2 部分已经讲过，样本空间是随机试验的所有可能结果的集合. 其中的每个元素都代表了一个可能的实验结果. 例如，每次掷一枚硬币的样本空间可能包括两个元素，即$\Omega=$ {正面，反面}.

（3）事件.

事件是样本空间的子集，表示试验可能发生的结果的组合. 事件通常用大写字母（如 A、B 等）表示. 例如，在每次掷一枚硬币的例子中，事件 A 可以表示正面朝上，事件 B

可以表示反面朝上.

2.1.1.2 引入随机变量的动机

为了研究更复杂的随机现象，需要引入随机变量.

随机试验的结果可能是各种数量或性质，如掷骰子的点数、掷硬币的正反面、学生的考试成绩等. 为了更好地描述和分析这些数量或性质的随机性，引入了随机变量. 随机变量是一个函数，它将样本空间Ω中的每个可能结果映射到实数轴上的某个值. 这样就可以用数学工具来描述和分析随机试验的结果.

掷一枚硬币，用X表示掷硬币的结果，称X是随机变量，可以将X定义如下：

如果硬币正面朝上，$X=1$；

如果硬币反面朝上，$X=0$.

这里，随机变量X将正面朝上和反面朝上这两个可能的结果映射到实数轴上的1和0. 通过引入随机变量X，可以更方便地进行概率分析.

例如：掷一枚硬币，计算正面朝上的概率P（$x=1$）和反面朝上的概率P（$x=0$）.

引入随机变量的主要目的是将随机试验的结果量化，并建立它们与概率之间的联系. 这使得我们可以利用数学工具来处理不确定性和随机性，从而更深入地研究各种现实问题.

2.1.1.3 随机变量的表示

随机变量通常用大写字母（如X、Y）表示，而其可能的取值通常用小写字母（如x、y）表示. 具体来说，随机变量X可以表示为x（ω），其中，ω表示样本空间Ω中的某个元素，x（ω）表示随机变量X对应于样本空间中元素ω的取值. 不同的随机试验和问题会产生不同的随机变量，它们的取值和性质都可能不同.

随机变量的引入为概率论和统计学的发展提供了重要的工具和框架. 它使我们能够更系统地研究和解决与不确定性和随机性相关的问题，为科学研究和实际应用提供了坚实的数学基础.

2.1.2 随机变量的分类与性质

2.1.2.1 随机变量的分类

根据随机变量的可能的取值和全体的性质，可以将随机变量分为两大类.

（1）离散型随机变量.

离散型随机变量是那些只能取有限个值，或虽在理论上讲能取无限个值，但这些值可以毫无遗漏地一个接一个排列出来的随机变量. 其取值通常是整数或一些离散的特定值. 典型的例子包括每次掷一枚骰子得到的点数、每次掷一枚硬币的结果、学生通过或不通过考试等.

（2）连续型随机变量.

连续型随机变量是那些可以取任意实数值的随机变量. 其取值范围是连续的，通常包括整个实数轴上的所有实数. 典型的例子包括身高、体重、温度、股票价格等.

2.1.2.2 随机变量的性质

离散型随机变量和连续型随机变量具有一些共同的性质.

（1）取值范围.

随机变量的取值范围是它可能取到的所有值的集合，通常用大写字母（如 X）表示. 这个范围可以是有限的或无限的，具体取决于随机变量的类型. 离散型随机变量的取值通常是可数的，而连续型随机变量的取值范围是实数轴上的某个区间.

对于离散型随机变量，其取值范围是一组离散的、分散的数值. 例如，一个典型的二元离散型随机变量可以取 0 或 1 两个值，表示某事件的发生或不发生.

对于连续型随机变量，其取值范围是连续的、无限分散的数值. 例如，一个表示温度的连续型随机变量可以取实数轴上的任何温度值，包括小数和分数.

（2）概率分布.

随机变量的概率分布描述了它每个可能取值的概率或密度. 概率分布是随机变量性质的核心，它表示随机变量的不同取值之间的概率关系.

a.对于离散型随机变量，概率分布可以表示为概率质量函数（probability mass function，PMF），通常记为

$$P（X=x）.$$

式中：x 表示随机变量可能的取值.

b.对于连续型随机变量，概率分布可以表示为概率密度函数（probability density function，PDF），通常记为 $f(x)$，x 表示随机变量可能的取值.

概率分布的形式因随机变量的类型而异. 常见的离散型随机变量及其概率分布包括伯二项分布、努利分布、泊松分布等. 而常见的连续型随机变量分布包括均匀分布、正态分布、指数分布等，它们具有不同的性质和应用场景.

（3）累积分布函数.

累积分布函数（cumulative distribution function，CDF）是一种描述随机变量的概率分布的方法，它提供了一种累积的方式，用来理解随机变量的行为. 与 PMF 或 PDF 不同，CDF 并不提供具体的概率值或概率密度，而是告诉我们在某个特定值或以下的范围内，随机变量取值的概率是多少.

CDF 通常用大写字母表示，如 $F(x)$，x 表示想要计算的概率的值，CDF 的值可以理解为累积的概率，即在随机变量取值小于或等于 x 的范围内的累积概率.

例如：假设有一个表示某种产品寿命的随机变量 x. 如果想要知道寿命小于等于 1 000 h 的产品的概率，可以利用 CDF 计算 $F(1\ 000)$. 这个概率值告诉我们，在 1 000 h 及其以下的范围内，产品寿命的累积概率是多少.

CDF 的图形通常是一个递增的曲线，从 0 开始，逐渐上升到 1. 在 CDF 曲线上的任何点 x 处，它表示随机变量小于或等于 x 的累积概率. 利用 CDF 可以回答各种随机变量取值的概率问题，包括区间概率和特定点的概率. 这使得 CDF 成为分析和解释随机变量行为的有用工具.

（4）期望和方差.

期望（均值）和方差是描述随机变量性质的重要统计量. 期望反映了随机变量的平均取值，方差描述了随机变量取值的离散程度.

a. 期望（均值）.

期望反映了随机变量的平均取值，它代表随机变量在大量重复试验中的平均表现. 期望通常用 μ 或 $E(X)$ 来表示，X 是随机变量. 如果一个随机变量的期望值是 μ，那么在大量实验中，随机变量的平均值会接近 μ. 期望是许多随机变量性质的核心，它在概率论和统计学中有广泛的应用，如平均收益和平均损失等.

b.方差.

方差是用来描述随机变量取值的分散程度或离散程度的统计量，通常用 σ^2 表示，或者用 Var（X）来表示，X 是随机变量. 方差描述了随机变量的取值在期望值附近的分散情况. 如果一个随机变量的方差较大，表示它的取值相对分散；如果其方差较小，则表示它的取值较为集中. 方差在风险管理、财务分析、物理学等领域中有广泛的应用，被用来评估和控制不确定性.

2.2　离散型随机变量

2.2.1 离散型随机变量的概念

离散型随机变量是那些只能取有限个值，或虽在理论上讲能取无限个值，但这些值可以毫无遗漏地一个接一个排列出来的随机变量. 这些值通常代表了随机试验的各种可能结果. 离散型随机变量在实际问题中的应用非常广泛，许多自然现象和实验结果都可以用有限的离散值来表示.

2.2.2 离散型随机变量的特点

（1）有限或可数无限的取值.

首先，离散型随机变量具有有限或可数无限的取值的特点. 这一特点意味着离散型随机变量的可能取值是有限的，或者可以通过自然数或整数进行编号. 这个特点在概率论和统计学中具有重要的地位，因为它定义了离散型随机变量的取值范围，决定了在分析和建模时需要考虑的离散情况.

其次，有限的取值集合通常是人们在实际问题中遇到的情况. 例如，每次掷一枚骰子得到的点数，它的可能取值为 1，2，3，4，5，6，这 6 个取值都是有限的自然数. 这样的随机变量被用于模拟和描述类似掷骰子这样的实验，其中每个点数都代表了一种可能的结果. 同样，每次掷一枚硬币得到的结果只有两个可能的取值，即正面和反面，也符合离散型随机变量的有限取值特性.

再次，可数无限的取值通常涉及一些离散的过程，但这些取值可以用自然数或整数进行编号. 典型的例子是泊松分布中的随机变量，它表示某一段时间内事件发生的次数. 泊松分布的随机变量可以取 0，1，2，3，等等，它的取值是可数无限的，但可以一一列举出来.

最后，这一特性对于离散型随机变量的概率分布起到了关键作用. 因为可以明确知道离散型随机变量可能的取值，所以可以精确计算每个取值的概率，建立概率分布. 这使得对离散型随机变量的分析和模型构建更加明确和可行，有助于更好地解决实际问题.

（2）可列举的取值.

首先，离散型随机变量的取值通常是可以列举的. 这一特点使得我们能够明确知道随机变量可能的取值，从而更容易进行概率分析和统计推断. 通过列举所有可能的取值，可以建立一个离散型随机变量的取值集合，这个集合包含了所有可能的结果.

其次，可列举的取值特点为离散型随机变量的建模和分析提供了便利. 可以利用这一特点定义随机变量的 PMF，该函数为每个可能的取值分配了一个概率值，描述了这些取值出现的相对可能性. 例如，每次掷一枚骰子得到的点数这样的随机变量，其 PMF 可以明确指定每个点数出现的概率，如 $P(X=1)=1/6$，$P(X=2)=1/6$，照此类推. 这种清晰的定义使得我们能够进行精确的概率计算和分析.

最后，可列举的取值使得离散型随机变量在实际问题中被广泛应用. 例如，在统计学中经常会遇到离散型随机变量，如二项分布（表示在一系列独立的伯努利试验中成功次数的随机变量），泊松分布（表示单位时间或单位空间内事件发生次数的随机变量），超几何分布（表示从有限总体中抽取的样本中成功次数的随机变量），等等. 这些分布的随机变量都具有可列举的取值，这使得它们能被有效地用于模拟和解释各种实际情况，如投资风险评估、生物统计、质量控制等.

（3）每个取值有概率.

首先，对于每个离散型随机变量的取值，都存在一个与之相关的概率. 这意味着可以为随机变量的每个可能取值分配一个概率值，用来表示该取值出现的相对可能性. 这些概率值通常以 PMF 的形式给出，PMF 定义了每个取值的概率，以便进行概率分析和统计推断. 例如，每次掷一枚骰子得到的点数这样的随机变量，其 PMF 可以表示为

$P(X=1)=1/6$;

$P(X=2)=1/6$;

$P(X=3)=1/6$;

$P(X=4)=1/6$;

$P(X=5)=1/6$;

$P(X=6)=1/6$.

其中，每个点数的取值都对应着一个概率，而且这些概率的总和等于 1，这是因为骰子必须落在其中的一个点数上.

其次，这些概率值描述了离散型随机变量的不同取值之间的概率关系. 通过比较不同取值的概率，可以了解每个取值出现的相对频率，即在多次实验或观察中，每个取值出现的概率. 这对于预测和解释实际问题中的不确定性非常重要.

最后，概率分布的核心特点之一是这些概率值的总和必须等于 1. 这是因为随机变量必须取其中的一个值，而且在这些可能的取值中，概率之和涵盖了所有可能性. 这个性质保证了概率分布的一致性，因此可以用概率来量化不确定性，进行各种概率分析和推断.

2.2.3 离散型随机变量的典型例子

（1）掷骰子的点数.

每次掷一枚六面骰子是一个常见的随机试验，其点数可以看作是一个离散型随机变量. 在这个例子中，随机变量的取值是 1， 2， 3， 4， 5， 6，分别对应着骰子的六个面. 每个点数出现的概率都是 1/6，因为六面骰子是均匀的，每个面出现的机会相同.

（2）掷硬币的结果.

每次掷一枚硬币也是一个常见的随机试验，其结果可以是正面或反面. 这个结果可以被视为一个二元离散型随机变量，其取值是{正面， 反面}. 在公平的掷硬币试验中，每个结果的出现概率都是 1/2.

（3）学生成绩.

学生成绩是一个常见的离散型随机变量，经常被用于评估学生的学术表现. 在这个例子中，随机变量的取值通常是整数，代表不同的分数或等级. 每个分数或等级的出现概率可以根据考试难度和学生水平来确定. 例如，一个考试可能有 A、B、C、D、F 五个等级，每个等级的出现概率取决于考试的难度和分数分布.

2.3 连续型随机变量

2.3.1 连续型随机变量的引入

连续型随机变量用于描述那些可以取任意实数值的随机现象. 与离散型随机变量不同，连续型随机变量的取值范围是连续的，因此不能列举出所有可能的取值，而是需要通过概率密度函数来描述其分布情况. 连续型随机变量的引入有助于更好地研究各种与测量、观察和模拟相关的随机现象.

2.3.2 连续型随机变量的特点

（1）无限多的取值.

首先，连续型随机变量具有无限多的取值. 这是连续型随机变量的显著特点之一. 这意味着对于任何给定的连续型随机变量，它可以取到无限多个不同的实数值. 这个特点反映出生活中许多现实世界的量化问题的本质，因为很多物理、经济、社会现象都可以利用连续型随机变量进行建模.

以身高为例，假设想研究成年人的平均身高. 连续型随机变量可以在一定范围内取到无限多个可能的值，从最小的测量精度单位开始，一直到无穷大. 因此，可以用连续型随机变量来描述身高，以便更准确地建立模型来解决与身高相关的问题，如人群的身高分布、身高与健康的关系等.

其次，连续型随机变量的取值范围是连续的. 这意味着在连续型随机变量的取值范围内存在着无限多个可能的取值，而且这些取值之间没有间隔、没有断点. 举例来说，如果用连续型随机变量来表示一辆汽车的速度，那么速度可以取任何实数值，而不仅仅是某个离散的速度值. 因此可以更精确地描述汽车的运动状态，包括瞬时速度、加速度等.

最后，连续型随机变量的无限多的取值使得它可以应用于许多领域，如物理学、工程学、金融学、生态学等，以解决各种连续性的问题. 利用 PDF 可以更好地理解和预测这些问题. 例如，通过模拟随机过程来预测股票价格的波动、分析自然灾害的概率分布等.

（2）不可列举的取值.

首先，连续型随机变量的不可列举的取值是连续性的一个显著特点. 这意味着在连续型随机变量的取值范围内，存在无限多个可能的取值，而且这些取值之间没有间隔或分割点. 这个性质在数学上表现为对于任何两个不同的取值 a 和 b，总能够找到一个中间的取值 c，使得 $a< c < b$. 例如，假设 X 表示自然环境中温度的测量值. 温度可以取到无限多个可能的值，例如，摄氏度上的任何值都是可能的，而且在任何两个不同的温度值之间，总是存在其他无限多个温度值. 这种无限的连续性使得我们不能列举出所有可能的温度取值，因为它们构成了实数轴上的一个连续集合.

其次，连续型随机变量的不可列举的取值这一特点与实际问题中的连续性相关. 在现实生活中，许多物理、经济、社会现象都涉及连续性的量，如时间、长度、质量等. 因此，连续型随机变量常常被用于建模和分析这些问题，以便更精确地描述和理解现象的变化和不确定性.

最后，不可列举的取值也反映了 PDF 在连续型随机变量中的作用. PDF 是描述连续型随机变量概率分布的工具，它定义在整个取值范围上，并描述了每个可能取值的概率密度. 通过对 PDF 的积分，可以计算出某个区间内事件发生的概率.

2.3.3 连续型随机变量的典型例子

（1）身高.

身高是一个常见的连续型随机变量，通常用来描述人群中个体的身体特征. 一个人的身高可以取任何实数值，因为在理论上，身高可以是任何非负实数. 然而，在实际应用中，我们通常将身高限定在某个范围内，如 0~300 cm 身高的分布通常符合正态分布（也称为高斯分布），其中大多数人的身高集中在均值附近，而极高或极低的身高则相对较少见.

（2）气温.

气温也是典型的连续型随机变量，它描述了大气中的温度变化. 气温可以在一定范围内取任何实数值，而不仅仅是某些离散的温度值. 气温通常受到季节、地理位置和气象条件等因素的影响. 在气象学和气候研究中，对气温的建模和分析是预测天气和研究气候变化的重要内容.

（3）股票价格.

股票价格是金融领域中的连续型随机变量. 股票市场中的股票价格不断波动，并且可以在任何实数值上取值. 股票价格的变化通常受到众多因素的影响，包括市场供求、公司业绩、经济指标等. 为了理解股票价格的波动和预测未来走势，金融领域使用了各种统计和数学模型，包括随机过程和波动率建模.

（4）时间.

时间也可以看作是一个连续型随机变量，可以取任何非负实数值. 在许多应用中，需要考虑事件发生的时间，如交通流量、生产过程、事件响应时间等. 时间的分布可以用来优化资源分配、规划进程和预测事件的发生时间. 连续型随机变量的时间概念在物流、生产、交通管理和应急响应等领域都有广泛的应用.

2.4 随机变量的期望和方差

2.4.1 随机变量的期望值

随机变量的期望值也叫作均值，代表了该随机变量取值的平均值（指以概率为权的加权平均）. 它是一个用来衡量随机变量中心位置的指标. 期望值通常用符号μ（对于总体）或者X的帽子（对于样本）表示.

期望值的计算方式取决于随机变量是离散的还是连续的.

对于离散型随机变量，期望值$E(X)$的计算公式为

$$E(X)=\sum x_iP(X=x_i). \tag{2-1}$$

其中：X代表随机变量可能的取值；$P(X=x_i)$代表随机变量等于x的概率. 这个公式实际上是每个取值乘以其概率的加权平均.

对于连续型随机变量，期望值 E（x）的计算公式为

$$E(X)=\int x_i f(x)\,\mathrm{d}x_i. \tag{2-2}$$

其中：X 代表随机变量的取值；f（x）代表 PDF.

期望值的解释是随机变量在大量重复试验中的平均表现. 它具有线性性质，即：

$$E(aX+b)=a\mathrm{E}(X)+b. \tag{2-3}$$

其中：a 和 b 为常数.

2.4.2 随机变量的方差

随机变量的方差是用来衡量随机变量与其期望值的距离的平均值. 方差通常用符号 σ^2（对于总体）或者 S^2（对于样本）表示.

方差的计算方式也取决于随机变量是离散的还是连续的.

对于离散型随机变量：方差 Var（X）的计算公式为

$$\mathrm{Var}(X)=\sum(X-\mu)^2P(X=x). \tag{2-4}$$

式中：X 代表随机变量可能的取值，P（$X=x$）代表随机变量等于 x 的概率，μ 代表随机变量的期望值.

对于连续型随机变量：方差 Var（X）的计算公式为

$$\mathrm{Var}(X)=\int(X-\mu)^2 f(x)\,\mathrm{d}x. \tag{2-5}$$

式中：X 代表随机变量的取值；μ 代表随机变量的期望值；f（x）代表 PDF.

方差的解释是随机变量取值与其期望值的偏差的平均平方值. 它测量了随机变量的离散程度，方差越大，随机变量的取值波动越大.

2.5 常见的概率分布

2.5.1 二项分布

二项分布是一种离散型随机变量的概率分布，通常用于描述在一系列独立重复的二元试验中成功次数的概率分布. 每次试验都有两个可能的结果，通常称为成功（S）和失败（F）. 二项分布常用于描述二元随机事件的概率，如投掷硬币、产品合格率、疾病检测等.

2.5.1.1 二项分布的应用

（1）投掷硬币.

如果公平地投掷一枚硬币（成功的概率 $p=0.5$）n 次，那么成功的次数 X 就服从二项分布. 这可以用来估计在 n 次投掷中硬币正面朝上的次数.

投掷硬币是一个经典的随机试验，常用来介绍二次分布的概念.

在投掷硬币这个试验中，公平地投掷一枚硬币意味着硬币的正面和反面出现的概率是相等的，即成功的概率 $p=0.5$，失败的概率为 $1-p=0.5$. 对这枚硬币进行 n 次独立的投掷，每次投掷的结果可以是正面（H）或反面（T）. 这个试验中的随机变量 X 可以表示在 n 次投掷中正面朝上的次数，也就是我们关心的事件. 根据二项分布的定义，可以称 X 服从二项分布.

理解二项分布的 PMF 对分析投掷硬币至关重要.

在投掷硬币试验中，可以用二项分布的 PMF 来计算任意次数的正面朝上次数的概率. 对于一个特定的次数 k，PMF 的计算公式为

$$P(X=k)=C(n,k)\,p^{k}(1-p)^{n-k}. \tag{2-5}$$

其中：$C(n,k)$ 代表从 n 次投掷中选择 k 次正面朝上的方式数；p 代表成功的概率，即正面朝上的概率；$1-p$ 则代表失败的概率，即反面朝上的概率. 利用这个公式，可以计算在 n 次硬币投掷中，正面朝上 k 次的概率.

通过二项分布的期望和方差，可以获得有关投掷硬币的更多信息.

期望是一个随机变量的平均值. 对于硬币投掷，正面朝上的次数 x 的期望为

$$E(X)=np.$$

这表示在 n 次投掷中，可以预期正面朝上的次数平均为 np 次.

方差可以描述随机变量的取值的离散程度，投掷硬币的结果中，正面朝上次数 x 的方差为

$$\mathrm{Var}(X)=np(1-p)$$

这表示方差与试验次数 n 和成功概率 p 的乘积有关，方差越大，随机变量 x 的取值越分散.

投掷硬币的应用不仅限于学术研究，还涵盖了众多实际场景.

（2）产品的合格率.

在生产过程中，产品的合格率通常不是 100%. 如果从一个生产批次中随机抽取 n 个产品进行检验，成功表示产品合格，失败表示产品不合格. 二项分布可用于检验产品的合格率.

在制造业中，产品的合格率是一项非常重要的指标，它反映了生产过程的质量水平.

在制造过程中，通常需要经过一系列的工序和检验来确保产品的质量达到规定的标准. 然而，即使已经对生产过程进行了严格的控制，也难以做到每个产品都完全合格. 因此引入产品的合格率这个概念.

二项分布在产品的合格率的估计中发挥了重要的作用.

假设从一个生产批次中随机抽取 n 个产品进行检验，成功表示产品合格，失败表示产品不合格. 可以将这个过程看成一系列独立的二元实验，每个实验都有两个可能的结果：成功（合格）或失败（不合格）. 由于每个产品的合格与否是相互独立的，因此可以利用二项分布来描述经过检验的合格产品的数量.

通过对产品的合格率的估计，制造商可以了解生产过程的质量水平，以便及时发现并改正潜在的问题.

如果抽样检验中的合格率明显低于预期的水平，制造商可能需要调查生产过程中的问题，以确保产品质量的提高. 此外，产品的合格率还有助于制定质量控制策略，帮助制造商提高产品的质量稳定性和一致性.

（3）疾病检测.

在医学领域，特别是在描述疾病检测的情况时，二项分布也发挥着重要的作用. 疾病检测主要指对患者进行各种检查以确定其是否患有某种疾病. 二项分布可以用来描述

在这种检测中被正确诊断出疾病的人数.

先考虑一个简单的疾病检测场景：在一群人中，有一定比例的人患有某种疾病，进行检测后可以得到每个人是否患病的结果. 这个结果通常有两种可能性：阳性（P）表示患病；阴性（N）表示未患病. 因此，可以将每个人的检测结果可以看作是一次独立的二元试验.

可以利用二项分布来描述在这个检测中被正确诊断出疾病的人数. 在这个场景中，成功可以被定义为医生正确地诊断出一个人患有疾病，而失败则被定义为医生错误地判断一个健康的人患有疾病. 这里的成功率 p 表示医生正确判断的概率，而失败率（$1-p$）表示医生错误判断的概率.

医疗工作者和研究人员可以利用二项分布的性质来计算在不同检测条件下给出正确诊断的期望数量和相关的置信区间.

通过对疾病检测的准确性进行统计分析，医疗决策者可以更好地了解不同检测方法和策略的效果. 这有助于制定更准确的诊断流程，提高疾病早期检测的能力，从而改善患者的治疗和预后.

在流行病学研究中，二项分布也常被用于描述疫情传播和疾病发生的情况.

2.5.1.2　二次分布的特点和限制

（1）特点.

a.离散性：二项分布是一种离散概率分布，因为它描述的是离散型随机变量，即每次试验的结果只能是两个互斥的值，通常表示为成功（S）和失败（F）.

b.独立性：二项分布假设每次试验都是相互独立的，也就是说，每次试验的结果不受前一次试验的影响. 例如，每次掷一枚硬币的结果都不依赖于前一次的结果.

c.恒定成功概率：二项分布假设每次试验的成功概率都保持不变. 这意味着在一系列试验中，成功的概率 p 是恒定的. 例如，如果每次都是公平地投掷硬币，则成功的概率 p 为 0.5，这不会因为投掷次数的增加而改变.

d.有限试验次数：二项分布通常被用于有限次数的试验，这表示在一系列试验中，我们进行了有限次观察，每次的观察都具有二元结果.

e.概率计算：二项分布的概率计算相对简单，可以利用组合数学来计算特定数量的成功出现的概率. 其 PMF 可以明确地表示为二项式系数和成功概率的幂次乘积.

（2）限制.

a.有限试验次数：二项分布的适用范围受到试验次数 n 的限制. 当试验次数非常大时，二项分布的计算变得烦琐，但可以用正态分布来近似描述，这是中心极限定理的应用. 因此，对于非常大的 n，正态分布更适合用于估计.

b.恒定成功概率：二项分布的一个假设是每次试验的成功概率保持不变. 然而，在某些实际情况下，成功概率可能随着试验的进行而发生变化. 如果成功概率在试验之间变化较大，二项分布可能不再适用，需要考虑其他分布，如泊松分布或负二项分布.

c.离散性限制：二项分布仅适用于描述离散型随机变量，其中每次试验只有两个可能的结果. 对于连续型随机变量，如测量温度或体重的情况，二项分布不再适用，需要考虑连续分布，如正态分布.

2.5.2 正态分布

正态分布是一种连续概率分布，具有对称的钟形曲线. 它在自然界和社会科学中经常出现，被广泛应用于统计学和科学研究中.

2.5.2.1 概述

（1）正态分布的定义.

正态分布也叫高斯分布，是一种连续概率分布，其特点是具有对称的钟形曲线. 这一曲线的中心峰值位于均值处，标准差决定了曲线的宽度和高度. 正态分布的 PDF 通常用来描述连续型随机变量的分布.

（2）正态分布的特性.

正态分布是一种连续概率分布，具有许多重要的特性，这些特性使其在统计学和科学研究中被广泛应用. 以下是正态分布的主要特性：

a.对称性：正态分布的 PDF 呈现出明显的对称性. 具体来说，分布曲线关于均值中心对称. 这意味着分布的左半部分和右半部分是镜像对称的，中心峰值位于均值的位置. 这一对称性使得正态分布在统计分析中具有重要的数学和几何性质.

b.标准差决定宽度：正态分布的曲线的宽度由标准差决定. 标准差越大，曲线越宽，标准差越小，曲线越窄. 这反映了数据的分散程度，标准差较大表示数据更分散，标准差较小表示数据更集中.

c.最大值处于均值：正态分布的 PDF 在均值处取得最大值. 这意味着在分布的中心位置，概率密度最高，也就是说，观测值在均值附近的概率最大. 这是正态分布的一个重要特性，有助于我们理解数据的集中趋势.

d.总面积为 1：整个正态分布曲线下方的面积等于 1，即 PDF 覆盖了整个概率空间. 这意味着对于任何随机变量 X，其取值必定在某处，因此概率分布的总和等于 1. 这一性质使得正态分布在计算概率和推断参数时非常有用.

e.范围无限：正态分布的取值范围是从负无穷到正无穷，因此它在描述连续型随机变量时非常灵活. 正态分布可用于各种不同类型的数据建模，无论是自然界中的生物特征、社会科学中的人口统计数据，还是物理科学中的测量结果.

f.中心极限定理：正态分布是中心极限定理的基础. 该定理指出，大量相互独立的随机变量的均值近似服从正态分布，无论原始随机变量的分布如何. 这一性质使得正态分布在统计推断中的应用更加广泛.

2.5.2.2 正态分布的应用

（1）在自然界中的应用.

第一，正态分布在人类身高的描述中被广泛应用. 人类身高是一个常见的生物特征，通过对大量人群的测量数据分析，可以发现人类身高通常近似服从正态分布. 这意味着在大多数人群中，身高分布呈对称的钟形曲线，中心峰值位于平均身高附近. 例如，成年男性的身高测量数据通常会呈现为均值约为 175 cm 的正态分布，这意味着大多数成年男性的身高接近于 175 cm，而离均值越远的身高越少见.

第二，体重也是一个常见的生物特征，通常服从正态分布. 体重的分布在不同人群和不同地区可能会有所不同，但总体上呈现出正态分布的趋势. 通过对体重数据的分析，可以了解人群中体重分布的特点，如平均体重、体重的分散程度等. 这有助于进行健康管理、营养学研究和体重控制方面的决策.

第三，智力分数也常常被认为服从正态分布. 智力分数通常通过标准化测试来测量，这些测试的设计考虑了正态分布的特性. 在智力测验中，均值通常设置为 100，并且分数的分布呈现出典型的正态曲线形状. 这意味着在大多数人群中，智力分数集中在均值附近，而离均值较远的极端分数比较少见.

第四，正态分布还在其他生物特征的研究中发挥了重要作用. 如血压、心率、血糖水平等生理指标通常也呈现出正态分布的特征. 这些指标的正态分布特征有助于医学研究和诊断，因为它们可以用来建立正常参考范围和诊断标准.

（2）社会科学和健康领域.

第一，正态分布在社会科学领域的应用非常广泛. 社会科学研究经常涉及对人口、社会现象和行为进行的定量分析. 在这些研究中，正态分布常常被用来描述不同变量的分布特点. 例如，收入水平、教育水平、职业领域等社会经济指标通常被认为服从正态分布或其变种. 通过对这些指标的正态分布建模，研究人员可以更好地了解不同人群之间的差异和共性，进一步研究社会不平等、社会动态和政策影响等问题.

第二，健康领域也是正态分布的重要应用领域之一. 在医学研究和临床实践中，往往需要分析和解释各种健康指标的分布情况. 如血压、体重指数（BMI）、血糖水平等生理指标的分布通常服从正态分布. 通过对这些指标的正态分布特性进行分析，医生和研究人员可以确定健康标准、诊断疾病、评估治疗效果等. 此外，在流行病学研究中，正态分布也常用于描述疾病的传播和流行情况，这有助于预测疫情的发展趋势和制定公共卫生政策.

第三，正态分布在经济学领域的应用也是不可忽视的. 许多经济变量，如收入、消费、价格等，都被认为在一定条件下服从正态分布. 这些经济变量的正态分布特性对宏观经济政策、市场研究和风险管理等方面具有重要意义. 例如，通过分析收入的正态分布，研究人员可以更好地了解贫富差距、社会经济流动性和政策干预的影响. 此外，金融领域也广泛运用正态分布来描述资产价格的波动情况，以便进行风险评估和投资决策.

第四，正态分布在心理学研究中也有重要应用. 心理学家常常需要测量和分析各种心理指标，如智力、情绪、人格特质等. 这些心理指标的分布特性有助于研究人员了解心理现象和行为的一般规律. 通过对这些心理指标进行建模，研究人员可以更好地了解心理学领域的各种现象，如认知能力的分布、情绪障碍的诊断标准等.

（3）工程和制造业.

第一，正态分布在工程领域的应用非常广泛. 工程项目通常涉及各种测量和测试，以确保产品或结构的合格性和可靠性. 例如，零件的尺寸、强度、硬度、疲劳寿命等工程参数通常服从正态分布. 通过对这些参数的正态分布情况进行分析，工程师可以更好地了解产品的设计和制造过程，预测产品的性能和寿命，以及进行质量控制. 正态分布也常用于处理工程数据的变异性和可重复性，从而提高产品的一致性和可靠性.

第二，制造业也是正态分布的重要应用领域之一. 制造过程中，产品的质量往往受到多个因素的影响，如原材料的性质、生产设备的精度、操作员的技术水平等. 这些因素的综合效应通常呈现出正态分布的特征. 制造商可以利用正态分布来控制产品的质量和性能. 例如，通过监测关键质量指标的正态分布，制造商可以制定质量控制策略，及时发现和纠正生产过程中出现的问题，确保产品符合规格. 正态分布还可以被用来评估生产过程的稳定性和生产能力，从而不断提高生产效率，降低生产成本.

第三，正态分布在可靠性工程中也有广泛的应用. 可靠性工程旨在评估产品或系统的寿命和可靠性，以提高产品的性能和耐久性. 在可靠性工程中，常常需要对产品或系统的寿命进行建模，以了解其寿命分布特征. 正态分布常被用来描述产品或系统的寿命，从而进行寿命分析和可靠性预测. 通过对寿命数据的正态分布进行分析，工程师可以确定产品的寿命分布参数，制定维护计划，预测产品的寿命，以确保产品在使用中的可靠性和安全性.

2.5.2.3 正态分布的重要性

正态分布在统计学和科学研究中具有重要地位.

（1）中心极限定理的基础.

正态分布是中心极限定理的基础，该定理表明，当独立随机变量的样本数量足够大时，它们的均值的分布近似服从正态分布. 这使得正态分布成为许多统计推断方法的基础.

（2）参数估计.

正态分布通常被用于参数估计. 例如，通过样本数据估计均值和方差. 这对科学研究和决策制定非常重要.

（3）假设检验.

假设检验是科学研究中的常见任务之一. 正态分布通常用于构建假设检验的统计检验，以确定样本数据是否支持某个假设.

2.5.3 泊松分布

泊松分布是一种经典的离散概率分布，通常用于描述在一个固定的时间或空间区间内随机事件发生的次数. 这个分布以法国数学家西莫恩·德尼·泊松的名字命名，他在19

世纪初首次应用这个分布来描述被枪击士兵的伤亡数据.

泊松分布的一个重要特性是其 PMF 具有一个参数λ，表示在单位时间或单位空间区间内事件的平均发生率. 泊松分布的 PMF 可以表示为

$$P（X=k）=\frac{\lambda^k}{k!}\mathrm{e}^{-\lambda}. \tag{2-6}$$

其中：X 表示随机事件在固定时间或空间区间内发生的次数；k 表示具体的次数；$k!$表示 k 的阶乘；e 为自然对数的底.

泊松分布具有以下特点：

a.离散性：泊松分布描述的是事件发生的次数，因此它是离散的概率分布. 如电话呼叫到达次数、自然灾害的发生次数、事故发生次数等.

b.独立性：泊松分布假设事件在不同时间或空间区间内的发生是相互独立的. 这意味着前一段时间内的事件发生与后一段时间内的事件发生不会相互影响.

c.固定发生率：泊松分布的参数λ表示事件的平均发生率，该参数在给定时间或空间区间内是固定的. 这个参数通常是根据历史数据或试验结果来估计的.

d.描述罕见事件：泊松分布通常用于描述罕见事件的发生概率，即事件在给定时间或空间区间内的发生次数相对较小的情况. 当事件的平均发生率λ很小而事件的次数 k 较大时，泊松分布可以很好地近似描述这种情况.

第 3 章　多维随机变量和联合分布

3.1　多维随机变量

3.1.1　多维随机变量的引入

多维随机变量用于描述包括多个随机分量的随机现象. 在现实生活和科学研究中，我们经常面对涉及多个随机因素或变量的复杂问题. 多维随机变量的引入为我们提供了处理这些复杂情况的工具和框架.

3.1.1.1　定义

多维随机变量可以被看成一个包含多个随机分量的向量或多元组. 设 $X=(X_1, \cdots, X_n)$ 为一个 n 维向量，其每个分量，即 $X_1, \cdots, X_n$，都是一维随机变量，则称 X 是一个 n 维随机向量或 n 维随机变量.

3.1.1.2　应用领域

（1）统计学.

在统计学中，多维随机变量被广泛应用. 它们常被用于建立多变量概率分布模型，以描述多个变量之间的关系. 例如，多元正态分布是一种常用的多维随机变量模型，被用于分析多个相关变量的联合分布. 统计学家利用多维随机变量来研究多维数据集，进行多元回归分析，探索不同变量之间的相关性和因果关系.

（2）金融学.

金融市场涉及多种随机因素，如股票价格、利率、汇率等. 多维随机变量模型可被用来进行风险评估、资产定价、投资组合管理等. 例如，马科维茨的均值-方差模型利用多维随机变量来优化投资组合，以最大化投资者的期望收益并降低风险.

（3）工程学.

在工程学领域，多维随机变量的引入对于描述不同变量之间的相互影响至关重要. 例如，在结构工程中，工程材料的强度、温度、湿度等因素可能相互影响. 利用多维随机变量模型对工程设计和可靠性进行分析，有助于工程师确定设计参数，优化结构设计，并评估结构的可靠性.

（4）生物学.

在生物学研究中，多维随机变量被用于描述不同生物特征或生物事件之间的关系. 例如，多维随机变量可以被用来建立遗传数据的模型，研究不同基因之间的相互作用. 在生态学中，多维随机变量模型则被用于分析生态系统中的多个生态因素之间的关系，这有助于理解生态系统的稳定性和变化.

3.1.1.3 重要性

多维随机变量的引入具有重要性，因为它能够帮助研究人员更全面地理解复杂的随机现象. 通过分析多个随机分量之间的关系，可以更准确地预测和解释实际现象，从而在各个领域中取得更好的结果. 此外，多维随机变量还为随机过程建模、统计推断、风险管理等提供了有力工具.

（1）更真实地反映实际情况.

在现实生活和科学研究中，许多问题都涉及多个随机因素或变量的交互影响. 通过引入多维随机变量，我们能够更准确地模拟和理解这些复杂的随机现象，使模型更接近实际情况.

（2）提高预测准确性.

多维随机变量的使用可以提高对未来事件的预测准确性. 例如，在金融领域，股票价格不仅受到市场情绪影响，还受到利率、政治事件等多个因素的共同影响. 通过考虑这些因素，利用多维随机变量模型可以更好地预测股票价格的波动.

（3）优化决策.

在风险管理和决策分析中，多维随机变量的使用可以帮助我们更好地理解风险，并制定更有效的策略. 例如，一个制造商可能需要考虑多个因素（原材料成本、市场需求、竞争对手行动等）对产品价格的影响，以便制定出最优的定价策略.

（4）科学研究.

在科学研究中，多维随机变量被用来分析复杂的试验数据，揭示不同因素之间的关系. 例如，在生态学研究中，科学家可能研究多个环境因素对生态系统的影响，多维随机变量模型可以帮助他们理解这些因素之间复杂的相互作用.

3.1.2 多维随机变量的性质

多维随机变量具有以下性质.

（1）联合分布.

多维随机变量的联合分布是概率论和统计学中的一个关键概念. 它提供了一种强大的工具，用于描述和理解多个随机变量之间的相互关系，以及它们在一次试验中可能取得的不同值的概率分布. 联合分布的研究对于解决各种实际问题和进行复杂数据分析非常重要.

对于两个随机变量 X 和 Y，它们的联合分布通常以 PDF（对于连续型随机变量）或 PMF（对于离散型随机变量）的形式表示. 这个函数可以被看成一个多元函数，接受 X 和 Y 的取值作为输入，返回它们同时取这些值的概率作为输出. 通过联合分布，我们可以获得对 X 和 Y 的联合概率分布的全面了解，包括它们的均值、方差、协方差等统计性质.

联合分布的重要性在于它能够帮助我们研究和解释各种现象和问题. 例如，在金融领域，联合分布可以被用于分析不同资产的价格之间的相关性，从而帮助投资者进行风险管理. 在医学研究中，可以利用联合分布研究多个生物标志物之间的关系，以更好地了解疾病的发展和治疗方法. 此外，在工程领域，可以利用联合分布研究多个工程参数之间的相互作用，以提高产品的可靠性和产品性能.

（2）边缘分布.

边缘分布是多维随机变量理论中的一个关键概念，它有助于研究和分析多维随机变量中的单个变量或一部分变量的概率分布，而不考虑其他变量的取值情况. 这个概念对于理解复杂的多维随机现象具有重要意义.

对于一个包含 n 个随机变量的多维随机变量（X_1，…，X_n），边缘分布指的是其中的某一个或某几个随机变量的分布. 通常情况下，研究人员关心的是某个子集的分布，如 X_1 和 X_2 的边缘分布，或者只关注 X_3 的边缘分布. 这些边缘分布可以通过从联合分布中提取所需的随机变量来获得.

边缘分布的计算可以通过边际化的方法实现. 对于离散型随机变量，可以通过对联合概率质量函数进行求和来计算边缘分布. 对于连续型随机变量，可以通过对联合概率密度函数进行积分来计算边缘分布. 具体来说，对于两个随机变量 X 和 Y 的联合分布：

边缘分布的应用非常广泛. 在解决实际问题时，我们经常需要关注多维随机变量中的某些变量，而不是全部. 例如：在金融领域，我们可能只关心某个特定资产的价格变化，而不是整个资本市场的波动；在生物学研究中，我们可能只研究某些基因的表达情况，而不涉及整个基因组. 边缘分布为我们提供了一种有效的处理方式.

（3）条件分布.

条件分布也是多维随机变量理论中的一个关键概念，它能够帮助研究人员在已知一些信息或观察值的情况下，对多维随机变量的分布进行建模和分析. 条件分布对于理解和描述随机变量之间的依赖关系至关重要，利用条件分布，研究人员可以根据其他随机变量的取值来推断或预测其感兴趣的随机变量的分布.

条件分布的计算可以通过贝叶斯定理来实现，它告诉我们如何在已知 Y 的条件下更新 X 的概率分布信息.

条件分布的应用非常广泛. 例如：在医学研究中，我们可能关心某种疾病的发病率，但这可能受到多种因素的影响，如年龄、性别、基因型等. 条件分布可以帮助我们在考虑这些因素的情况下估计疾病发生的概率：在金融领域，我们可能希望了解某种投资资产的风险，但这可能与其他资产的表现相关. 此时可以利用条件分布对不同资产之间的相关性进行分析，并估计投资风险. 在研究自然灾害（如地震）时，我们可能想要估计某个地区在未来一段时间内发生这种灾害的概率. 条件分布可以帮助我们在考虑地理位置、气象条件等因素的情况下进行预测.

（4）相互独立性.

当多维随机变量中的各个随机分量相互独立时，这意味着它们的联合分布可以简化为各个分量的边缘分布的乘积. 这种性质在概率分析中具有重要的作用，它有助于我们更轻松地理解复杂的随机变量系统.

相互独立的随机变量在数学和统计学中有着广泛的应用. 例如：在统计学中，假设随机变量相互独立是很常见的，因为它简化了估计和假设检验的计算，如多元回归模型通常假设误差项之间相互独立，这允许我们使用最小二乘法来估计回归系数；在机器学习领域，相互独立的特征变量可以简化模型的训练和预测，如朴素贝叶斯分类器假设特征之间相互独立，简化了对分类问题的建模和预测；在通信系统中，可以利用随机变量的相互独立性来描述信号和噪声之间的关系. 这有助于设计和优化通信系统.

相互独立性的概念也有助于我们理解随机变量之间的依赖关系. 如果两个随机变量相互独立，那么它们的联合分布不受彼此影响，可以分别考虑. 这使得概率分析更加模块化，更加可控，复杂问题的求解也变得更加容易.

需要指出的是，相互独立性并不是现实世界中的一种普遍性质. 在许多情况下，随机变量之间可能存在依赖关系，因此在实际应用中，我们需要谨慎考虑是否可以合理地假设它们相互独立.

（5）协方差和相关性.

协方差被用于判断两个随机变量的变动趋势是否一致. 具体来说，协方差描述了在两个随机变量的联合分布中，随机变量之间是如何一起变动的. 相关性是描述两个随机变量之间线性关系的强度和方向的变量. 相关性通常用相关系数来表示，最常见的是皮尔逊相关系数.相关系数的绝对值越接近 1，表示两个随机变量之间的线性关系越强. 相关系数的正负号表示线性关系的方向，正号表示正相关，负号表示负相关.

3.2　联合分布和边缘分布

3.2.1 联合分布的定义和性质

3.2.1.1　联合分布的定义

在概率论与统计学中，多维随机变量是一种用来描述涉及多个随机分量的随机现象的数学工具. 而联合分布则是用来同时描述这些多维随机变量的概率分布. 当我们涉及多个随机变量时，联合分布提供了一种有效的方式来了解它们之间的相互关系和相互影响.

对于包含 n 个随机变量的多维随机变量，其联合分布是一个 n 维概率密度函数（对于连续型随机变量）或概率质量函数（对于离散型随机变量）. 这个函数可以表示在多维随机变量的各种取值组合下，它们同时发生的概率. 联合分布的表达形式因随机变量的性质和问题的背景而异，但其核心目的是描述多维随机变量之间的联合概率分布情况.

3.2.1.2 联合分布的性质

（1）非负性.

联合分布的概率质量函数或概率密度函数对于所有可能的取值组合都是非负的，即联合概率始终为非负数.

a.概率的合理性.

非负性保证了联合分布中的每一个概率值都是非负的. 这意味着我们不会在任何情况下观察到负概率，因为概率代表了随机事件的可能性，不可能出现负的概率值. 这一性质使得联合分布函数在描述随机现象时具有良好的数学意义和实际意义.

b.概率的限制性.

非负性还限制了联合分布的取值范围. 因为概率值始终为非负数，所以它们在实数轴上的取值范围是 [0，1]，即概率不会大于 1 或小于 0. 这保证了概率分布的一致性和可解释性，使得我们可以明确地解释事件发生的可能性.

c.条件概率的合理性.

非负性还适用于条件概率. 当我们考虑多维随机变量在给定某些条件下的联合分布时，条件联合概率仍然必须是非负的. 这对于统计推断和概率模型的构建至关重要，因为它确保了我们不会得到不合理或不可解释的结果.

d.贝叶斯推断.

在贝叶斯统计中，非负性是先验概率和后验概率的基本要求. 非负性确保了贝叶斯推断中的概率分布始终具有合理性.

e.统计模型.

在统计建模中，非负性是许多模型的基本假设之一. 例如，在线性回归模型中，残差的分布通常被假定为正态分布，其密度函数是非负的. 这确保模型的拟合和估计都具有合理性.

（2）归一性.

联合分布的概率质量函数的总和或概率密度函数的总积分等于 1. 这表示在所有可能的取值组合下，至少会发生一种情况.

a.总概率为 1.

归一性确保在所有可能的多维随机变量取值组合下，联合分布的概率总和（或总积分）等于 1. 这表示在考虑所有可能性的情况下，至少会发生一种情况，即事件的总和或总体积为 1. 这是概率论的基本原理之一，反映了事件发生的必然性.

b.概率的相对性.

归一性还反映出概率的相对性. 在联合分布中，不同的事件或取值组合可能具有不同的概率，但它们的概率之和（或积分）是恒定的，均为 1. 这有助于我们在不同的随机事件之间进行比较，了解它们在整体上的相对可能性.

c.条件概率的计算.

归一性是条件概率计算的基础. 当我们需要计算给定某些条件下的联合分布时，总和或积分等于 1 的性质使得条件概率的计算更加方便和可行. 这对于统计推断和建模非常重要.

（3）联合概率.

联合分布允许我们计算多维随机变量在不同取值下的联合概率. 这有助于理解多维随机变量之间的依赖关系，以及它们如何共同影响某一事件的发生.

a.依赖关系的探究.

联合概率能够帮助我们分析多维随机变量之间的依赖关系. 当两个或多个随机变量的联合概率分布与其各自的边缘概率分布不一致时，可以推断它们之间存在依赖关系，可以是正相关、负相关或其他类型的依赖关系.

b.联合分布的建模.

联合概率是建立多维随机变量的联合分布模型的关键. 这对于解决各种问题非常重要，如风险分析、数据建模、模式识别等.

c.多维随机变量的独立性.

通过对联合概率的研究，我们可以确定多维随机变量之间是否存在独立性. 当多维随机变量是独立的时，它们的联合概率分布可以分解为各个随机变量的边缘概率分布的乘积. 这对于简化复杂问题和建立合适的模型非常有帮助.

3.2.2 边缘分布的定义和计算

3.2.2.1 边缘分布的定义

在多维随机变量中，从联合分布中提取出一个或多个随机变量的概率分布，被称为边缘分布. 边缘分布描述了每个单独的随机变量的概率分布情况，而不考虑其他随机变量的取值.

（1）边缘分布的提取.

边缘分布是通过在多维联合分布中选择特定的随机变量并将其他变量积分或求和来提取的. 这个过程使我们能够专注于我们感兴趣的随机变量，而不必考虑所有随机变量的联合行为. 例如，如果有一个包含身高和体重两个随机变量的联合分布，可以提取身高的边缘分布，以研究身高的概率分布，而不必考虑体重.

（2）边缘概率质量函数和边缘概率密度函数.

边缘分布可以用概率质量函数（对于离散型随机变量）或概率密度函数（对于连续型随机变量）来表示. 这些函数描述了边缘分布中每个随机变量的可能取值及其对应的概率. 边缘概率质量函数和边缘概率密度函数的性质与单一随机变量的分布相似，如它们都具有非负性和归一性.

（3）独立性与边缘分布.

当多维随机变量之间相互独立时，其边缘分布可以被简化为各个随机变量的单独分布. 这意味着边缘分布提供了一种多维随机变量独立性的表达方式. 通过检查边缘分布是否等于各个随机变量的单独分布，我们可以确定它们之间是否存在独立性.

（4）应用领域.

边缘分布在数据分析、概率建模、统计推断和机器学习等领域中被广泛应用. 它们帮助研究人员将多维数据降维到更容易处理和理解的单一维度，同时保留了关键的信息. 例如：在金融领域，边缘分布可以被用来分析不同资产的单独风险；在医学统计学研究中，利用边缘分布，可以研究不同生物标志物的独立性；在自然语言处理中，边缘分布则被用于描述语言模型中的词汇分布等.

3.2.2.2 边缘分布的计算

（1）离散型多维随机变量.

对于离散型多维随机变量，计算边缘分布时需要对联合概率质量函数进行边缘化. 对于两个随机变量 X 和 Y 的联合分布，要计算 X 的边缘分布，可以使用以下公式：

$$P(X=x)=\sum P(X=x, Y=y). \tag{3-1}$$

其中：$\sum$ 表示对所有可能的 y 值求和.

（2）连续型多维随机变量.

要计算连续型多维随机变量中的一个或多个随机变量的边缘分布，可以利用联合概率密度函数进行边缘化. 对于两个随机变量 X 和 Y 的联合分布，要计算 X 的边缘分布，可以使用以下公式：

$$P(X=x)=\int f(x, y)\,dy. \tag{3-2}$$

其中：$f(x, y)$ 为联合概率密度函数.

3.3 条件分布和条件期望

3.3.1 条件分布

条件分布为处理多维随机变量之间的依赖关系提供了有力帮助. 在多维随机变量的背景下，经常会遇到多个随机变量同时发生的情况，而条件分布则能在已知一些信息或事件的情况下，帮助研究人员更深入地理解和分析其他随机变量的分布情况.

3.3.1.1 重要性

（1）更准确地进行建模和预测.

条件分布在建模和预测中具有重要作用，尤其是在面对不完整信息或缺失数据的情况下.

条件分布可以帮助研究人员基于已知信息来推断未知随机变量的分布. 在实际情况中，往往无法获取所有相关变量的观测数据，但通过条件分布，可以将已知信息与概率分析结合，更准确地估计未知变量的概率分布. 这对于风险评估、决策制定和资源分配具有重要意义. 例如，在医学研究中，医生可能只观察到患者的某些临床特征，但希望预测他们是否患有某种疾病. 通过条件分布，可以将已知特征与疾病发生的概率联系起来，实现更精确的疾病预测.

条件分布可以用于模型选择和参数估计. 在统计建模中，我们通常会遇到在多种模型中进行选择的问题，这时可以利用条件分布来比较不同模型的拟合效果. 通过考察模型的条件分布与实际观测数据之间的吻合程度，选择最合适的模型. 此外，条件分布还被用于参数估计，帮助确定模型中的未知参数值，在机器学习、统计分析和工程建模等领域中被广泛应用.

条件分布还有助于识别异常或异常事件. 通过建立正常条件下的随机变量分布，可以在某些条件下检测到与正常情况不符的观测值，从而发现潜在的异常情况. 这在金融风险管理、工业生产和网络安全等领域中有重要意义.

（2）有助于对依赖关系的分析.

条件分布也被用于深入研究随机变量之间的依赖关系.

条件分布可以帮助研究人员测量（定量的）随机变量之间的关联性. 通过计算条件概率或条件期望，可以判断两个或多个随机变量之间的依赖关系的强度和方向. 这有助于理解随机现象的本质，并在决策制定和问题解决中更好地考虑相关性. 例如，金融领域中的资产相关性分析可以帮助投资者更好地分散风险，从而提高投资组合的效益.

条件分布还被用于事件的因果关系分析. 在一些情况下，我们希望确定一个事件是否导致另一个事件的发生. 利用条件分布建立因果模型，通过观察在不同条件下事件的概率分布来判断事件之间的因果关系. 这在医学研究、社会科学和工程领域中有广泛的应用. 例如，医学研究中，医生可以通过观察药物治疗是否影响患者的疾病恢复情况来判断治疗是否有效.

条件分布还可用于风险评估和决策分析. 在风险管理和决策制定中，通常需要考虑多个随机因素的影响. 通过条件分布，可以对不同条件下的风险情景进行定量分析，以便更好地了解可能的结果和潜在的风险.

（3）问题求解.

条件分布可以帮助研究人员将问题拆解为更小的子问题. 通过确定已知条件下的随

机变量分布，将问题分解为多个独立或相关的子问题，而子问题更容易被解决．优化、模拟和计算机科学中经常使用这种问题分解技术．

3.3.1.2　应用领域

条件分布被广泛应用于各个领域．

（1）金融学．

a.风险评估：金融市场充满了不确定性，投资者需要了解不同金融资产的风险．条件分布帮助分析师和投资者测量和预测金融资产的风险．利用条件分布，可以评估不同事件（如市场崩盘、经济危机）发生的可能性及其影响．

b.资产定价：条件分布对资产定价模型的发展至关重要．例如，期权定价模型（如 Black-Scholes 模型）利用条件分布来估计未来资产价格的不确定性，从而确定期权合同的价格．

c.投资组合管理：管理者需要优化投资组合以达到风险和回报的平衡．利用条件分布构建投资组合模型，可以帮助管理者了解不同资产之间的关系，并在多样化的投资组合中做出决策．

d.风险管理：条件分布在风险管理中被用于建立风险模型，评估可能的风险事件及其概率，以及潜在的损失幅度．

（2）医学研究．

a.疾病预测：在流行病学研究中，研究人员利用条件分布来分析疾病的传播和发展．通过建立条件分布模型，预测不同人群患病的概率，并识别可能的影响因素．

b.治疗效果评估：在临床试验中，条件分布可被用于评估不同治疗方法的效果．研究人员可以通过构建条件分布模型，比较不同治疗组之间的患者生存率、疾病进展等．

c.基因组学研究：基因组学研究通常涉及大量的数据和变量．条件分布在分析基因与疾病之间的关系、基因表达模式等方面发挥着重要作用．

（3）生态学．

生态学主要研究生态系统中的各种生物与环境因素之间的相互作用．

a.物种分布建模：研究人员利用条件分布来建立物种在不同环境条件下的分布模型．这有助于预测物种在不同地理区域的出现概率，为保护生物多样性工作提供帮助．

b.物种之间的相互作用：条件分布可被用于分析生态系统中不同物种之间的相互作用．通过条件分布模型，可以了解捕食者与猎物之间的关系、植物与传粉者之间的相互依赖等.

（4）机器学习和人工智能.

a.概率图模型：贝叶斯网络和马尔可夫随机场等概率图模型利用条件分布来描述变量之间的依赖关系. 这些模型在模式识别、自然语言处理、推荐系统等任务中被广泛应用.

b.分类和回归：在监督学习中，条件分布被用于分类和回归问题. 分类器和回归模型使用已知的输入数据和条件分布来预测输出变量的取值.

3.3.2 条件期望

（1）条件期望的计算.

条件期望是条件分布的一个重要性质，它表示在给定一些信息或事件的条件下，随机变量的平均值. 条件期望可以通过条件分布来计算.

对于离散型随机变量 X 和 Y，条件期望 $E(X|Y=y)$ 表示在已知 $Y=y$ 的条件下，x 的平均值. 计算方法为

$$E(X|Y=y) = \sum xP(X=x|Y=y) \tag{3-3}$$

其中：$\sum$表示对所有可能的 x 值求和.

对于连续型随机变量 X 和 Y，条件期望 $E(X|Y=y)$ 的计算方式类似，只不过需要用条件密度函数来替代条件概率质量函数. 具体计算方法为

$$E(X|Y=y)=\int xf(X|Y=y)\mathrm{d}x. \tag{3-4}$$

其中：$\int$表示对所有可能的 x 值进行积分；$f(X|Y=y)$ 表示 X 在已知 $Y=y$ 的条件下的条件密度函数.

（2）条件期望的性质.

a.条件期望是一个随机变量，它的取值依赖于条件 Y 的取值.

b.如果 X 和 Y 相互独立，那么条件期望 $E(X|Y)$ 等于 X 的期望 $E(X)$.

c.条件期望满足线性性质，即 $E(aX+bY\mid Y=y)=aE(X|Y=y)+bE(Y|Y=y)$，其中 a 和 b 是常数.

d.条件期望具有塔式性质，即 $E[E(X|Y)]=E(X)$. 这表示在不考虑条件 Y 的取

值的情况下，条件期望的期望等于 X 的期望.

条件分布和条件期望是概率论和统计学中的重要概念，它们在分析多维随机变量、建立模型，以及进行预测和推断等方面发挥着关键作用. 通过考虑条件信息，我们能够更准确地理解和解释随机变量之间的关系，以便更好地解决问题，做出决策.

3.4 相互独立的随机变量

3.4.1 相互独立的随机变量的定义

相互独立的随机变量是指在统计意义上不会互相影响的随机变量. 换句话说，两个或多个随机变量之间的联合分布可以拆分成它们各自的边缘分布的乘积，即 $P(X, Y)=P(X)P(Y)$. 这表示如果我们知道一个随机变量的取值，那么它不提供关于其他随机变量的任何信息.

3.4.2 相互独立的随机变量的性质

3.4.2.1 独立性

独立性是概率论中的一个基本概念，它用于描述两个或多个随机变量之间是否存在关联. 在数学上，如果两个随机变量 X 和 Y 的联合概率分布可以分解为它们各自的边缘概率分布的乘积形式，那么 X 和 Y 就被称为相互独立.

当我们说两个相互独立的随机变量互不影响时，我们指的是一个变量的取值不会提供关于另一个变量的任何信息. 这意味着我们无法通过观察一个随机变量的结果来推断另一个随机变量的取值. 举例来说，如果 X 代表每次投掷一枚硬币的结果(正面或反面)，而 Y 代表每次投掷一枚骰子的结果（1 到 6 的数字），投掷硬币的结果不会影响我们对投掷骰子的结果的估计.

独立性具有传递性，如果 X 独立于 Y，Y 独立于 Z，那么 X 也独立于 Z. 这是一个重要的性质，它允许我们在多个随机变量之间建立复杂的独立性关系链.

独立性在实际应用中非常重要. 例如：在金融领域，研究不同资产的价格变化时. 如果这些资产之间是相互独立的，那么它们的价格变化不会相互影响，就可以通过组合各资产的风险来估计投资组合的风险；在机器学习中，特征之间的相互独立性假设有助于简化模型，并减少数据维度.

3.4.2.2 联合分布分解

如果 X 和 Y 是相互独立的随机变量，它们的联合分布可以表示为它们各自的边缘分布的乘积，这意味着联合概率分布可以拆分为边缘概率分布的乘积形式. 这个性质在概率计算和统计推断中非常有用，它有助于将复杂问题分解为更简单的部分.

对于离散型随机变量，这可以表示为

$$P(X=x, Y=y)=P(X=x)P(Y=y). \tag{3-5}$$

对于连续型随机变量，这可以表示为密度函数的乘积形式，即

$$F(X=x, Y=y)=f(X=x)f(Y=y). \tag{3-6}$$

这个性质表明，如果 X 和 Y 是相互独立的，它们的联合分布可以通过各自的分布函数来表示，而不需要额外的信息. 这种拆分性质在处理多维随机变量的问题时非常有用，因为它简化了复杂的概率计算和统计推断过程.

3.4.2.3 协方差为零

（1）协方差的定义.

协方差是用来测量两个随机变量之间线性关系的统计指标. 对于两个随机变量 X 和 Y，其协方差 $Cov(X, Y)$ 的计算公式为

$$Cov(X, Y)=E[(X-\mu_X)(Y-\mu_Y)]. \tag{3-7}$$

式中：E 表示期望操作符；μ_X 表示 X 的均值（期望）；μ_Y 表示 Y 的均值（期望）. 协方差描述了 X 和 Y 偏离其均值的程度之间的关系.

（2）协方差的性质.

协方差是双线性的：$Cov(aX, bY)=abCov(X, Y)$，其中 a 和 b 是常数.

协方差的符号表示关系方向：正协方差表示 X 和 Y 之间有正相关关系，负协方差表示 X 和 Y 之间有负相关关系，而协方差为零则表示 X 和 Y 之间没有线性关系.

协方差的绝对值大小表示关系强度：绝对值越大，表示关系越强. 如果协方差为零，表示无线性关系，但不能排除其他类型的关系.

（3）协方差为零的重要性.

当 X 和 Y 的协方差为零时，意味着它们之间没有线性关系.

a.如果 X 和 Y 是相互独立的随机变量，那么它们的协方差必定为零. 这是协方差为零的一个重要应用. 但是，X 和 Y 的协方差为零时，不表示 X 和 Y 一定相互独立.

b.在进行数据分析时，可以通过找到协方差为零的特征或成分来简化数据集.

c.在线性回归模型中，协方差为零有助于评估自变量与因变量之间的线性关系. 如果协方差为零，说明自变量与因变量无线性关系.

3.4.3 相互独立的随机变量的应用

相互独立的随机变量在各个领域都有广泛的应用.

3.4.3.1 概率计算

在概率计算中，独立性使复杂的概率问题变得更容易处理.

（1）二项分布的独立性假设.

在二项分布中，我们考虑了多次独立的伯努利试验，其中每次试验的结果只有两个可能的取值. 这里的独立性假设意味着每次试验的结果不受前一次试验结果的影响. 这种独立性假设可以帮助研究人员更容易地计算多次试验的联合概率分布，从而确定特定数量的成功事件的概率.

（2）贝叶斯定理.

在贝叶斯统计中，可以利用条件概率来更新我们对参数或事件的信念. 贝叶斯定理描述了在观察到一些证据（数据）后，我们如何更新我们的信念（后验概率）. 独立性假设在这里起到关键作用，特别是在处理多个条件独立的事件时. 如果能够假设观测数据在给定参数值的情况下相互独立，那么就可以更容易地计算后验概率，从而进行贝叶斯推断.

（3）马尔可夫链

马尔可夫链是一种随机过程，其中当前状态只依赖于前一个状态，而与更早的状态无关. 这种独立性假设被称为马尔可夫性质. 马尔可夫链在许多领域中都有应用，如自然语言处理、信号处理、蒙特卡洛方法等. 根据独立性假设，我们可以利用马尔可夫链的状态转移矩阵来进行概率计算和模拟，从而对系统的动态行为进行研究.

3.4.3.2 随机过程

在随机过程中，独立性通常被用于描述随机事件之间的独立发生.

（1）泊松过程

泊松过程的关键假设之一就是事件之间的独立性. 具体来说，泊松过程假设事件在时间上是随机发生的，并且事件之间的间隔时间服从指数分布. 这里的独立性假设意味着前一事件的发生不会影响下一事件的发生，每个事件的发生都是相互独立的. 这个假设对于计算事件发生的间隔时间和强度分布非常重要.

（2）随机游走

随机游走是一种描述状态随时间演化的随机过程，它在统计物理、金融学、随机优化等领域中有着广泛的应用. 在随机游走中，系统的状态在每一步上都有一定的随机性，通常每一步都被假设为独立的. 例如，在随机股价模型中，价格的变动可以被建立为一个随机游走过程模型，每一步的价格变动都是独立的.

3.4.3.3 工程与制造

在工程和制造领域，独立性通常被用于描述不同部件或过程的独立性.

（1）可靠性分析

在可靠性分析中，通常需要考虑各个组件或部件的可靠性，以估算整个系统的可靠性水平. 假设各个组件的失效是相互独立的. 这意味着一个组件的失效不会影响其他组件的运行.

（2）生产过程控制

在制造业中，生产过程通常涉及多个参数和变量，它们之间可能存在复杂的关系. 为了实现高质量的生产，需要对生产过程进行监控和控制. 例如，在汽车制造过程中，不同的工艺参数可能需要独立调整，而不受其他参数的影响. 这使得质量控制更加精确和可行.

3.4.3.4 金融学

金融学中的独立性假设是许多资产定价模型的基础.

（1）资产定价模型

a.资本资产定价模型是一个用来估计资产预期回报的模型，它基于独立性假设，假设不同资产的回报之间是独立的. 这意味着资本市场中的投资者可以通过持有多种资产来分散风险，而不必担心它们之间的相互关联.

b.Black-Scholes 模型.

Black-Scholes 模型用于估计期权合同的价格，它的基础之一就是假设股票价格的波动是独立的，因此可以通过对冲策略来降低期权交易的风险.

（2）风险管理

a.相关性估计：金融风险管理通常涉及多种不同资产的风险估计. 独立性假设用于建立这些资产之间的相关性结构，即它们是否相互独立或存在相关性. 这有助于金融机构更好地估计整体投资组合的风险.

b.投资组合分散化：基于独立性假设，投资者可以通过持有多种不同资产来实现投资组合的分散化. 如果资产之间相互独立，投资者可以减小整体投资组合的波动性，从而更好地控制风险.

3.4.3.5 机器学习

在机器学习中，特征之间的独立性假设有助于简化模型，提高模型的性能.

（1）朴素贝叶斯分类

a.文本分类：在进行文本分类任务时经常用到朴素贝叶斯分类，如垃圾邮件过滤. 在这类任务中，特征通常是词汇的存在或缺失，假设词汇之间的出现是相互独立的. 虽然这个假设在现实中并不成立（因为词汇之间通常会存在一定的关联），但这种简化有助于降低模型的计算复杂性.

b.情感分析：在情感分析任务中，朴素贝叶斯经常被用于确定文本评论的情感倾向. 假设文本中的不同词汇对情感的影响是相互独立的，这有助于对模型的训练和预测.

（2）因子分解机

a.推荐系统：因子分解机通常用于推荐系统，推荐系统要对用户与物品之间的交互信息进行建模. 尽管存在多个特征之间的交互，但假设这些特征之间是独立的可以简化模型的训练和推荐过程.

b.广告点击率预测

因子分解机也常被用于预测广告点击率. 它主要用于解决高维数据稀疏情况下特征组合的问题.

需要指出的是，独立性假设通常是一种简化，并不总是与实际数据完全吻合. 在实际应用中，研究人员和数据科学家需要仔细评估数据和问题的性质，以确定是否适用这些假设，并根据需要选择更复杂的模型.

3.5 协方差和相关系数

3.5.1 协方差

3.5.1.1 协方差的概念

协方差是统计学中的重要概念，被用于判断两个随机变量之间的关系. 它提供了关于这两个变量如何一同变化的信息，包括它们的方向和强度. 协方差的正负号以及绝对值大小都揭示了这两个变量之间的关联程度.

（1）协方差的正负号

协方差的正负号反映了两个随机变量之间的关系类型.

a.正协方差：当协方差为正数时，表示两个变量呈正相关关系. 这意味着当一个变量的值增加时，另一个变量的值通常也会增加，两个变量的变化趋势是一致的.

b.负协方差：当协方差为负数时，表示两个变量呈负相关关系. 这意味着当一个变量的值增加时，另一个变量的值通常会减小，两个变量的变化趋势是相反的.

c.零协方差：当协方差接近或等于零时，表示两个变量之间几乎没有线性关系. 它们的变化似乎是独立的，一个变量的变化不提供关于另一个变量的信息.

（2）协方差的绝对值

协方差的绝对值大小表示两个变量之间关系的强度. 绝对值越大，表示两个变量之间的关系越强烈，要么是正相关，要么是负相关. 协方差的具体数值通常不被用于不同数据集之间的比较，因为它依赖于变量的度量单位.

在实际应用中，协方差通常与标准化的统计量——相关系数一起使用，以更好地理解和比较两个变量之间的关系. 相关系数消除了变量单位的影响，使得关系的解释更为方便.

3.5.1.2 协方差的计算

（1）计算每个变量的均值

计算随机变量 X 和 Y 均值，设$\mu_X=E(X)$，$\mu_Y=E(Y)$.

（2）对于每一次观测值，计算偏差

对于每一对 X 和 Y 的观测值（x_i和 y_i），分别减去它们对应的均值，得到偏差：$x_i-\mu_X$ 和 $y_i-\mu_Y$.

（3）计算偏差的乘积并取平均值

将所有观测值对应的偏差相乘，然后取平均值，即可得到协方差 $Cov(X, Y)$ 的值：

$$Cov(X, Y)=\sum\frac{(x_i-\mu_X)(y_i-\mu_Y)}{n-1}. \tag{3-8}$$

式中：$Cov(X, Y)$ 表示 X 和 Y 的协方差；x_i表示 X 的观测值；y_i表示 Y 的观测值；μ_X 表示 X 的均值；μ_Y 表示 Y 的均值；n 表示样本大小.

3.5.2 相关系数

3.5.2.1 相关系数的引入

相关系数是用于描述两个随机变量之间线性关系的强度和方向的统计量. 它是协方差的标准化量，通常用希腊字母ρ表示，也称为皮尔逊相关系数. 相关系数是统计学和数据分析领域中的重要概念.

（1）相关系数.

相关系数的引入源于对两个或多个变量之间关系的定量分析的需求. 在许多实际问题中，我们希望了解两个变量之间是否存在关系，以及这种关系的强度和方向. 例如：在经济学中，我们可能希望了解利率和消费之间是否存在关系，以及这种关系的程度；

在医学研究中，我们可能想知道两种治疗方法的效果是否相关，并且它们的相关性如何.

（2）皮尔逊相关系数

皮尔逊相关系数是最常用的相关系数之一，用于测量两个连续变量之间的线性关系.它的取值范围在-1 到 1 之间.

当ρ=1 时，表示完全正相关，即两个变量呈完全线性正相关关系.

当ρ=-1 时，表示完全负相关，即两个变量呈完全线性负相关关系.

当ρ=0 时，表示无线性关系，即两个变量之间没有线性关系.

3.5.2.2 相关系数的性质

相关系数是用于描述两个随机变量之间线性关系的强度和方向的统计量.

（1）对称性

相关系数是对称的，即ρ（X，Y）=ρ（Y，X），它不受变量顺序的影响，无论是 X 关于 Y 还是 Y 关于 X，相关系数的值是相同的.

（2）线性关系

相关系数衡量的是线性关系的强度. 如果ρ=0，则表示 X 和 Y 之间不存在线性关系. 然而，这并不排除存在其他类型的非线性关系，因此在分析数据时需要谨慎.

（3）单位无关性

相关系数的值与 X 和 Y 的单位选择无关，因此可以用于比较不同单位的变量之间的关系. 这使得相关系数在不同领域的应用中更具通用性.

（4）异常值敏感性

相关系数比协方差更稳健，不容易受到异常值（极端值）的影响. 这意味着即使数据集中存在一些异常值，相关系数的计算结果仍然可靠.

这些性质使相关系数成为数据分析和统计推断中的重要工具，被用于探索和量化变量之间的关系. 然而，需要注意的是，相关系数只能捕捉线性关系，对于非线性关系的检测需要使用其他方法.

第 4 章　大数定理和中心极限定理

4.1　大数定理

4.1.1　大数定理的基本原理

4.1.1.1　独立同分布性

大数定理的基本原理之一是独立同分布性，它是大数定理成立的关键前提. 独立同分布性指的是随机变量必须是相互独立的，并且它们来自相同的概率分布.

（1）独立性.

在大数定理中，独立性是指随机变量之间的观测值彼此独立，一个随机变量的取值不会受到其他随机变量的影响. 这意味着随机事件之间的发生是相互独立的，一个事件的发生不会影响其他事件的发生.

（2）同分布性.

同分布性是指随机变量来自相同的概率分布，它们具有相同的概率密度函数或概率质量函数. 这意味着这些随机变量在性质上是相同的，只是取值可能不同.

大数定理的独立同分布性假设是为了保证随机变量之间的观测值在统计推断中不会相互干扰，从而能够更准确地描述随机事件的行为.

4.1.1.2　大样本

大数定理的成立依赖于大样本的观测值，这一原则在概率论和统计学中具有重要的意义.

（1）统计推断与大样本.

a.参数估计：在统计学中，经常需要估计随机变量的参数，如均值、方差、概率等. 大样本的作用至关重要，因为大样本可以提供更多的信息，使参数估计更为准确. 例如，使用大样本估计总体均值时，估计值更接近总体均值，且估计的标准误差更小，提高了估计的精度.

b.假设检验：假设检验是统计学中常用的方法，用于检验某个假设是否成立. 大样本可以提供更多的观测数据，使假设检验的结果更有统计显著性. 当样本容量足够大时，即使微小的效应也可以在假设检验中被检测到.

c.置信区间：置信区间是参数估计的一种重要方式，它提供了参数估计的区间估计. 大样本通常导致更窄的置信区间，因为估计的标准误差较小. 因此对参数的估计更加精确，可以更可靠地进行推断.

（2）大样本的理论基础.

a.中心极限定理：中心极限定理是大样本原理. 它指出，在大样本下，样本均值的分布接近正态分布，不论总体分布是什么形式. 这个定理解释了为什么大样本下的统计推断更为可靠，正态分布的性质使得我们能够进行更多的数学分析.

b.大数定理：大数定理本身也是大样本的基础理论之一. 它指出，随着样本容量的增大，样本均值趋于收敛于总体均值. 这个原理是在大样本下估计总体均值的理论保证.

（3）大样本的实际意义.

a.数据可用性：随着科技的发展，数据的获取变得更加容易. 大样本可以从各种领域（如社会科学、医学、金融学等）的数据中获益，这些大样本数据有助于研究人员更全面地了解问题，提高研究的可信度.

b.大规模试验：在研究中，大样本可以用于验证科学假设. 例如，在药物研发中，需要进行大规模的临床试验以评估药物的疗效和安全性. 大样本可以更好地检测药物效应，降低偶然误差.

c.精确决策：在政策制定和经济决策中，大样本可以提供更可靠的数据支持. 政府和企业可以通过分析大样本数据来制定更有效的政策和战略，以应对各种挑战.

4.1.1.3　均值的稳定性

均值的稳定性是大数定理的核心概念之一，它揭示了随机变量均值在大样本下的行为趋势. 在概率论和统计学中，均值通常用来测量一组数据的中心位置. 在实际应用中，均值常常代表着某种现象或随机事件的特征. 均值的稳定性关注的是在不断增大的样本容量下，样本均值是否趋向于稳定，以及是否趋向于接近总体均值.

均值的稳定性表明，随着样本容量的增大，样本均值逐渐趋于一个常数，这个常数就是总体均值，虽然每个样本均值可能会在不同样本中波动，但当样本容量足够大时，这些波动会逐渐减小，样本均值会稳定在总体均值附近. 这意味着可以通过大样本来估计总体均值，并且这个估计在大样本下是准确的.

4.1.2 大数定理的应用与解释

4.1.2.1 频率解释概率

频率解释概率是一种通过观察事件在大量重复试验中发生的频率来定义概率的方法. 大数定理告诉我们，随着独立重复试验次数的增加，事件发生的频率趋于事件的真实发生概率. 这意味着概率可以通过实际观察和统计推断来确定，它不仅仅是一种抽象的数学概念. 这对于理解随机现象和进行概率推断具有重要意义.

（1）试验设计和模拟.

频率解释概率在试验设计和模拟研究中被广泛应用. 研究人员可以通过多次重复试验来观察事件发生的频率，从而估计事件发生的概率. 例如：科学家可以进行大量的重复试验来估计某种药物的疗效；工程师可以通过模拟测试来评估产品的可靠性. 频率解释概率为试验研究提供了一种可操作的方法,研究人员可以在不确定性条件下做出决策.

（2）统计推断.

在统计学中，频率解释概率是一种常用的工具. 进行统计推断时，需要从样本数据中推断总体参数的值. 频率解释概率通过大数定理为统计推断提供了理论基础. 例如，通过多次抽样和观察事件发生的频率，可以估计总体的均值、方差等参数.

（3）风险评估.

频率解释概率还在风险评估中发挥着重要作用. 在金融领域，投资者可以通过观察资产价格的历史波动来评估风险. 通过分析过去的价格变动频率，投资者可以估计未来价格波动的概率分布，从而制定投资策略. 类似地，保险公司可以利用频率解释概率来估计不同保险事件的发生概率，以确定保费水平.

4.1.2.2 统计推断

在统计学中，大数定理为统计推断提供了理论依据. 统计推断涉及从样本数据中得出总体参数的估计和推断. 由大数定理可知，随着样本容量的增加，样本均值趋于收敛于总体均值. 这意味着通过收集足够大的样本并计算样本均值，我们可以更接近总体均值，从而提高了参数估计的准确性. 大数定理的应用使统计推断变得更加可靠，对于决策制定和实验设计具有重要影响.

（1）参数估计.

大数定理为参数估计提供了理论支持. 参数估计是统计推断的一个重要任务，它涉及从样本数据中估计总体参数的值. 大数定理告诉我们，随着样本容量的增加，样本均值趋于收敛于总体均值，这可以提高参数估计的准确性.

（2）假设检验.

在假设检验中，通常需要对观察到的样本统计量与某个假设下的期望值进行比较. 大数定理的作用在于，它确保了在大样本下，样本统计量的分布趋近于正态分布，从而可以进行假设检验.

（3）置信区间估计.

置信区间估计是统计推断的另一个重要方面，它被用于估计总体参数的范围. 大数定理为置信区间的构建提供了依据，因为它确保了样本均值的收敛性高于总体均值. 这意味着通过大样本下的均值估计，可以构建更窄的置信区间，提高参数估计的精确性.

（4）可靠性和稳定性.

大数定理的应用使统计推断更为可靠和稳定. 通过增加样本容量，可以减小样本统计量的方差，从而降低估计的不确定性. 这对于做出准确的决策和提高试验的可重复性非常重要.

（5）统计模型.

统计模型通常基于大数定理的假设，特别是在回归分析等领域. 模型的参数估计和预测能力都受到大数定理的影响.

4.2 切比雪夫不等式

4.2.1 切比雪夫不等式的概念

切比雪夫不等式是概率论中的一个基本工具. 该不等式关注的是任何具有有限方差的随机变量，它将随机变量的取值与其均值之间的差异度量为标准差，然后通过标准差的倍数来估计变量在均值附近的概率.

对于任何具有有限方差的随机变量 X，不论其分布是什么，有

$$P(|X-\mu| \geqslant k\sigma) \leqslant \frac{1}{k^2}. \tag{3-9}$$

其中：μ表示 X 的均值；σ表示 X 的标准差；k 表示一个大于 1 的常数.

式（3-9）的含义是，对于任何随机变量，无论其分布如何，至少有 $1-\frac{1}{k^2}$ 的观测值落在距离均值μ不超过 k 倍标准差σ的范围内. 也就是说，切比雪夫不等式提供了一个较为宽松但普适的关于随机变量的分布特性的估计.

4.2.2 切比雪夫不等式的应用

4.2.2.1 统计推断

在统计推断中，研究人员经常面临的一个问题是如何对总体参数进行估计，并评估这些估计的准确性. 当人们不了解总体分布或总体参数的具体性质时，切比雪夫不等式提供了一种可以处理这种情况的通用方法.

（1）估计总体均值.

假设有一个随机变量 X，现在要估计它的均值μ. 但是 X 的分布是未知的，因此无法使用传统的方法来估计μ. 在这种情况下，可以使用样本均值$\overline{X}$作为μ的估计值，并使用切比雪夫不等式来评估估计的准确性. 由切比雪夫不等式可知，无论 X 的分布如何，至

少有 $1-\frac{1}{k^2}$的数据落在均值μ的$\pm k$ 倍标准差范围内. 这意味着可以使用样本均值和标准差来构建一个置信区间，该置信区间包含真实均值μ的概率至少为 $1-\frac{1}{k^2}$.

（2）假设检验.

在假设检验中，研究人员需要根据样本数据来判断一个关于总体的假设是否成立. 切比雪夫不等式可以用于估计样本统计量与总体参数之间的关系，从而帮助研究人员进行假设检验. 例如，如果想测试一个关于总体均值μ的假设，在不了解总体分布的情况下，可以使用切比雪夫不等式来确定样本均值与μ之间的关系，从而判断是否拒绝假设.

（3）置信区间构建.

置信区间是一个包含总体参数的区间估计，用于描述参数值的不确定性. 利用切比雪夫不等式，可以估计置信区间的宽度和包含总体参数的概率. 当无法假设总体分布时，切比雪夫不等式为构建置信区间提供了一种通用的方法.

4.2.2.2 质量控制

在制造业和生产领域，质量控制是至关重要的，因为产品的质量直接影响客户的满意度、产品的市场竞争力和企业的声誉. 特别是在无法了解生产过程的具体分布时，可以利用切比雪夫不等式来评估生产过程的稳定性和一致性.

（1）评估产品离散程度.

当生产的产品或观测值在均值附近波动较大时，质量控制人员需要了解这种波动的程度. 切比雪夫不等式可以提供一个上界，显示观测值偏离均值的程度. 这个上界取决于所选择的标准差倍数 k. 通过选择适当的 k 值，可以确定观测值偏离均值的最大范围，从而评估产品的离散程度. 如果观测值超出了这个上界，可能需要进行进一步的调查和改进，以保证产品的质量.

（2）稳定性监测.

在质量控制中，稳定性监测是一项关键任务. 稳定的生产过程有助于确保产品在一致性和质量方面达到预期的水平. 可以利用切比雪夫不等式检测生产过程中是否存在异常情况. 观察观测值偏离均值的程度，如果超过了切比雪夫不等式提供的上界，可以及时发现潜在的问题，并采取适当的措施来维护生产过程的稳定性.

（3）离群值检测.

在质量控制中，离群值（异常值）可能会对产品质量产生负面影响. 可以利用切比雪夫不等式检测离群值是否存在. 如果观测值偏离均值的程度超过了切比雪夫不等式提供的上界，那么这些观测值可能被视为离群值，需要进一步调查. 及时发现和处理离群值，可以提高产品质量和生产过程的稳定性.

4.2.2.3 金融风险管理

在金融学中，切比雪夫不等式常被用于评估金融资产价格或投资组合的波动性. 波动性是金融风险的关键指标，切比雪夫不等式可以帮助投资者估计资产价格或投资组合在不同情况下的波动程度.

（1）估计资产价格波动性.

金融市场中的资产价格波动性是投资者最关心的问题之一. 资产价格波动性可以影响投资决策、风险管理和资产配置. 可以利用切比雪夫不等式估计资产价格波动性的上限. 通过观察资产价格与其均值之间的距离，确定资产价格波动性的最大范围. 这有助于投资者制定风险管理策略，确保其资产组合在不超出可接受波动性范围的情况下获得最大的回报.

（2）评估投资组合的风险水平.

切比雪夫不等式也被用于评估投资组合的风险水平. 投资组合包含多种不同的资产，其价格波动性可能受各种因素影响. 投资者需要了解投资组合的整体风险水平，以决定是否需要对资产配置进行调整. 切比雪夫不等式可以为投资组合的波动性提供上界，这有助于投资者更好地进行风险管理，及时调整资产配置，以实现投资目标.

（3）风险测量和压力测试.

金融机构和投资者会通过风险测量和压力测试评估其资产在不同市场条件下的表现. 切比雪夫不等式提供了一种方法，可以估计在不同市场情况下资产价格或投资组合价值的波动性上限. 这有助于金融机构预测可能的风险情景，并采取相应的风险管理措施，以保护自身利益.

4.2.2.4 样本容量估计

在实际数据分析中，确定适当的样本容量，才能获得可靠的统计推断结果. 样本容量估计旨在确定所需样本的规模，以便在统计推断中获得足够准确的估计. 切比雪夫不等式可以作为一种工具，帮助研究者确定样本容量的最小值，以达到一定的置信水平.

（1）样本容量估计的背景.

在进行试验、调查或数据分析时，通常需要从总体中抽取一个样本来进行统计推断. 样本容量直接影响估计的准确性和置信水平. 如果样本容量太小，估计结果可能不够可靠，因此需要足够大的样本容量来保证推断的准确性.

（2）使用切比雪夫不等式的样本容量估计.

切比雪夫不等式可以用来估计样本容量的下限，以确保在一定置信水平下得到准确的估计结果. 由切比雪夫不等式可知，对于任何随机变量，至少有多大比例的观测值距离均值不会超过 k 倍标准差的范围. 这一概念可被应用于样本容量估计中.

假设要估计某个总体参数的均值，并希望在一定置信水平下，估计误差不超过某个特定的值，此时可以利用切比雪夫不等式来确定所需的样本容量，使估计误差满足研究的要求. 由切比雪夫不等式可知，只要样本容量足够大，即使对总体分布一无所知，也可以在一定置信水平下控制估计误差.

（3）优化样本容量估计.

确定样本容量的估计通常是一个权衡成本和准确性的问题. 增加样本容量可能会增加数据采集和处理的成本，但可以提高估计的准确性. 因此，在进行样本容量估计时，需要综合考虑资源限制和估计的精确程度. 此外，还需要考虑总体的预期分布和特性，以选择合适的样本容量.

4.3 中心极限定理

4.3.1 中心极限定理的概念

中心极限定理是概率论和统计学中的一个重要原理，它描述了随机变量和随机样本均值的分布规律. 中心极限定理的基本思想是，当从一个总体中抽取足够多的随机样本，并计算这些样本的均值时，这些样本均值的分布将近似服从正态分布，即使原始随机变量的分布不一定是正态分布.

（1）大样本原理.

中心极限定理强调了大样本容量的重要性. 从一个总体中进行独立抽样，并计算每个样本的均值或总和时，如果样本容量足够大，这些样本统计量的分布将近似服从正态分布. 这一近似结论成立的关键在于，大样本情况下，样本均值的分布趋向于稳定，无论原始总体的分布是什么. 随着样本容量的增大，中心极限定理中所描述的逼近效果会更加显著. 这意味着，相对较小的样本容量的样本均值的分布可能与正态分布存在一些差异，但随着样本容量的增加，这种差异会变得越来越小.

（2）总体分布的多样性.

中心极限定理的一个显著特点是它对总体分布的形状、偏度、峰度或具体特征没有严格的要求. 这意味着原始总体可以具有各种不同的概率分布，包括但不限于正态分布、均匀分布、指数分布、伽马分布、泊松分布，等等. 总体分布的多样性是中心极限定理的强大之处，因为它使中心极限定理具有广泛的应用性.

由于中心极限定理的多样性，研究人员和数据分析师可以在不需要事先了解总体分布的情况下，利用该定理进行统计推断和分析. 这对于实际应用非常重要，因为在实际情况下，经常无法获得总体分布的详细信息. 然而，由中心极限定理可知，无论总体分布的具体特征如何，只要样本容量足够大，样本均值的分布将近似正态分布，这种灵活性使中心极限定理成为数据分析中的一种通用工具.

（3）独立抽样.

在中心极限定理中，独立抽样意味着每次抽样都是相互独立的. 具体来说，这意味着每个样本的抽取不受前一个抽样的影响. 如果每个样本都是独立地从总体中抽取的，那么可以说样本是独立的.

独立抽样的假设在中心极限定理中非常重要，因为它确保了样本均值的分布近似正态分布. 如果样本之间不是独立的，那么样本均值的分布可能会受到样本之间的关联或依赖关系的影响，这可能会导致中心极限定理不成立. 因此，独立抽样的假设有助于保持定理的适用性和准确性.

在实际应用中，有许多情况可以满足独立抽样的假设. 例如，随机试验通常会涉及从总体中独立抽取样本，这可以保证样本的独立性. 同样，进行调查或观察数据的采集时，也可以采取相应的措施来保证样本的独立性，以便有效地应用中心极限定理.

4.3.2 中心极限定理的特点

（1）正态分布逼近.

中心极限定理的一个最显著的特点，是它表明了样本均值的分布趋向于正态分布.具体而言，从一个总体中抽取足够多的样本并计算样本均值时，这些样本均值的分布将无限接近正态分布. 这一近似成立的关键在于样本容量足够大，样本均值的分布趋向于稳定，而且这种正态分布的逼近不受原始总体分布的影响. 这一特点使中心极限定理成为众多统计方法的基础.

（2）均值和方差的估计.

中心极限定理不仅提供了分布的信息，还提供了对均值和方差的估计. 样本均值的均值等于总体均值，而样本均值的方差等于总体方差除以样本容量. 这些对均值和方差的估计可以帮助研究人员了解样本均值分布的形状和分散程度.

4.3.3 中心极限定理的应用

中心极限定理在统计学和各个领域中都被广泛应用，它对抽样分布的近似、贝叶斯统计、质量控制、工程应用、金融建模和医学研究等都有重要影响.

4.3.3.1 抽样分布的近似

（1）置信区间估计.

在统计推断中，经常需要估计总体参数的值，如总体均值或总体方差，并为这些估计提供置信区间. 在不知道总体的具体分布情况下，可以利用中心极限定理来构建置信区间. 首先，从总体中抽取足够多的样本，计算样本均值和样本标准差. 其次，由中心极限定理可知，样本均值的分布会趋近于正态分布. 利用这一性质可以构建置信区间，估计总体参数，并确定所期望的置信水平.

（2）假设检验.

假设检验是统计学中的常用工具，常被用于判断一个关于总体参数的假设是否成立.如果利用中心极限定理，即使在不知道总体分布的情况下，也可以进行假设检验. 首先，提出一个关于总体参数的假设，并从总体中抽取足够多的独立样本. 其次，计算样本统计量，并使用中心极限定理来近似它的分布. 最后，根据得到的分布来计算 p 值，以确定拒绝假设还是接受假设.

（3）大样本假设.

在统计学中，大样本假设是一个常见的假设，它假定随机样本足够多，使得样本均值的分布近似于正态分布. 中心极限定理提供了对这一假设的理论支持. 当处理足够多的样本时，可以合理地假设样本均值的分布接近正态分布，因此可以利用正态分布的性质来进行统计分析.

4.3.3.2 贝叶斯统计

贝叶斯统计的核心思想是利用贝叶斯定理来更新参数的后验分布. 假设有一个关于参数θ的先验分布 $P(\theta)$，以及一些观测数据 D. 根据贝叶斯定理，可以计算参数θ的后验分布：

$$P(\theta|D) \propto P(D|\theta)P(\theta). \tag{4-1}$$

其中：$P(D|\theta)$ 表示给定参数θ下观测数据 D 的似然函数；$P(\theta|D)$ 表示参数θ的后验分布.然而，对于许多问题，特别是高维参数空间或复杂的分布，解析计算后验分布是困难的. 这时可以利用蒙特卡洛采样方法.

蒙特卡洛采样是一种通过生成大量随机样本来近似参数后验分布的方法. 这些随机样本通常来自后验分布，并用于估计参数的不确定性、计算概率分位数、构建置信区间等. 在蒙特卡洛采样中生成了大量的样本，对这些样本进行统计分析，以获得所需的信息. 然而，贝叶斯推断中的一个关键问题是如何生成符合后验分布的随机样本. 这就涉及如何设计采样算法，以便有效地探索参数空间，确保采样分布足够接近后验分布. 这时，中心极限定理成为贝叶斯统计中的一个重要工具. 由中心极限定理可知，从一个总体中抽取大量独立同分布的随机变量并计算它们的均值时，这些均值的分布会趋向于正态分布. 这个性质为蒙特卡洛采样提供了重要的理论依据.

4.3.3.3 质量控制和工程应用

在制造业中，过程控制是一种重要的质量管理方法. 制造过程中的许多因素都可能导致产品的尺寸、重量、强度等特性的变异. 利用中心极限定理，可以在无法了解所有影响因素的情况下，通过收集足够多的样本数据来近似地描述这种变异性. 通过观察检测样本的均值和方差的变化，可以及时检测到异常情况，如材料的质量问题或设备故障等.

在产品质量分析过程中. 中心极限定理被用于估计产品质量特性的分布. 例如，产品的尺寸、硬度或其他特性可能受到多种因素的影响，如原材料变异、生产过程不稳定等因素. 根据中心极限定理，抽取多个样本并计算它们的均值和标准差，这些样本均值的分布会趋向于正态分布. 因此可以使用正态分布的统计方法来评估产品是否符合质量标准. 如果样本均值远离标准值，说明产品质量并不理想，可能需要进一步调查和改进生产过程.

质量控制中的六西格玛方法也使用了中心极限定理. 六西格玛方法旨在将质量控制提升到极高的水平，减少缺陷，降低变异性. 中心极限定理提供了在不断改进的过程中对数据进行统计分析的基础，以确保产品满足更高的质量标准.

在工程领域（如工程设计和结构分析）经常需要估计材料的强度、结构的稳定性等参数. 中心极限定理帮助研究者理解这些参数的分布，以便更好地进行设计和分析，确保工程项目的安全性和可靠性.

4.3.3.4　金融建模

金融市场的波动性和不确定性使得风险管理成为不可或缺的一环. 中心极限定理帮助金融机构和投资者对资产价格和回报的分布进行建模（假设它们服从正态分布）. 通过了解这些分布的性质，可以更好地估计投资组合的风险，制定风险管理策略，以及确定合适的止损水平. 这有助于保护投资者的资产.

资产定价是金融建模中的关键问题之一. 根据中心极限定理，可以使用正态分布来估计资产价格和回报的期望值和方差. 这为经典的资本资产定价模型和期权定价模型提供了基础. 通过将资产价格建模为随机过程，并使用中心极限定理，可以估计期望收益率、风险溢价和期权价格等关键参数，以帮助制定投资决策，进行资产定价.

此外，投资者需要构建多样化的投资组合，以在风险和回报之间取得平衡. 中心极限定理的应用有助于对不同资产类别的回报进行建模，了解它们的分布特性. 帮助投资者更好地理解不同资产之间的相关性和分散风险的效果.

4.3.3.5　医学研究

临床试验是评估新药物、治疗方法和医疗器械效果的关键环节. 在临床试验中，研究人员通常将患者分为治疗组和对照组，通过比较两组的试验结果判断治疗效果. 中心极限定理常被用于处理试验结果的数据分布. 通过大样本假设，研究人员可以使用正态分布来估计治疗组和对照组之间的差异，从而判断治疗的效果是否具有统计学意义.

药物安全性评估是医学研究的另一个重要方面. 在临床试验中，不仅需要评估治疗效果，还需要关注药物的安全性和副作用. 中心极限定理可以帮助研究人员对药物的不良事件和副作用进行分析.

医疗决策需要基于临床研究的结果来制定. 中心极限定理提供了一种方法来估计不同治疗方案的效果，帮助医疗专业人员做出更明智的治疗方案. 例如，医生可以根据临床试验的数据估计不同药物治疗某种疾病的效果，并选择最适合患者的治疗方案.

中心极限定理还支持医学研究中的统计推断. 研究人员可以利用中心极限定理来构建置信区间，评估结果的可靠性，并进行假设检验. 这有助于确定研究结果是否具有统计学意义，从而帮助进行医学决策和实践.

4.4 正态分布的应用

4.4.1 正态分布在统计中的重要性

（1）统计学基础.

正态分布在统计学中占有重要地位. 它是许多统计方法和推断的基础，因为许多自然现象和随机变量都近似服从正态分布. 这种分布的理论基础和性质在统计学中发挥着至关重要的作用. 例如，中心极限定理将多个独立随机变量的和近似为正态分布，为假设检验和置信区间的构建提供了基础.

（2）参数估计.

正态分布在参数估计中被广泛应用. 利用样本数据的均值和方差可以估计总体的均值和方差，并计算其置信区间. 这在质量控制、市场调研和科学研究中都有重要作用.

（3）假设检验.

在假设检验中，正态分布通常用于检验总体参数是否符合某种假设. 例如，t 检验和

F 检验都依赖于正态分布的性质，用于比较两个或多个总体的均值和方差.

（4）质量控制.

通过监测生产过程中的数据，可以检查产品是否符合正态分布，以便及时采取控制措施，确保产品质量.

4.4.2 正态分布在假设检验中的应用

4.4.2.1 均值假设检验

（1）背景和重要性.

均值假设检验是一种常见的统计方法，被用于确定两个或多个样本的均值是否存在显著差异. 正态分布在均值假设检验中发挥着关键作用，在此基础上，研究人员能够进行参数估计和假设检验，并基于样本数据进行推断.

（2）应用案例：药物疗效检验.

假设一家制药公司开发了一种新药，声称它可以显著降低患者的血压. 为了验证这种药的疗效，公司进行了一项临床试验：随机选取两组患者，一组接受新药治疗，另一组接受安慰剂治疗. 研究人员希望利用均值假设检验来判断这一新药在降低血压方面是否具有显著效果.

（3）正态分布的应用.

在上面的案例中，正态分布的应用如下：

a.数据收集.

研究人员测量每组患者的初始血压和治疗后的血压，并记录数据.

b.假设设置.

H_0：新药对血压没有影响，表示为$\mu_1-\mu_2=0$；

H_1：新药能够显著降低血压. 表示为$\mu_1-\mu_2<0$.

其中：μ_1表示西药组的平均血压；μ_2表示安慰剂组的平均血压.

c.假设检验.

根据正态分布的假设，研究人员计算两组数据的均值差异，并计算出 t 统计量. 然后，根据 t 统计量的分布和显著性水平计算 p 值.

d.结果解释.

如果 p 值小于显著性水平（通常设定为 0.05，下同），则研究人员可以拒绝 H_0，认为新药对血压具有显著效果. 反之，如果 p 值大于显著性水平，则接受 H_0，表示没有足够的证据表明新药有效.

4.4.2.2　方差假设检验

（1）背景和重要性.

方差假设检验主要用于确定样本方差是否与某个特定值相等或是否在一定的规格范围内. 正态分布在方差假设检验中具有重要作用，因为它可以帮助研究人员计算统计量的分布，进行假设检验，从而评估数据的方差是否满足特定要求.

（2）应用案例：制造业的产品方差检验.

假设一家汽车零部件制造商生产汽车刹车片，并希望确保产品的尺寸方差在一定的规格范围内，以保证产品质量和性能的稳定性. 该公司进行了一项质量控制检验，收集了一批刹车片的尺寸数据.

（3）正态分布的应用.

在上面的案例中，正态分布的应用如下：

a.数据收集.

该公司收集了一批刹车片的尺寸数据，包括长度、宽度和厚度等.

b.假设设置.

H_0：产品尺寸的方差等于特定规格值，表示为$\sigma^2=\sigma_0^2$：

H_1：产品尺寸的方差不等于特定规格值. 表示为$\sigma^2\neq\sigma_0^2$.

其中：σ^2 是样本方差；σ_0^2 是规定的方差.

c.假设检验.

根据正态分布的假设，公司计算样本数据的方差，并计算出 F 统计量，然后根据 F 统计量的分布和显著性水平，计算 p 值.

d.结果解释.

如果 p 值小于显著性水平，公司可以拒绝 H_0，表示产品尺寸的方差与规格值不同，需要进一步调查和改进生产过程. 反之，如果 p 值大于显著性水平，则接受 H_0，表示产品尺寸的方差在规定范围内，产品质量稳定.

4.4.3 正态分布在置信区间估计中的应用

4.4.3.1 均值置信区间

（1）背景和重要性.

均值置信区间是统计学中常用的方法，它被用于估计总体均值并表示估计的不确定性. 正态分布对构建均值置信区间具有重要作用，它可以帮助研究人员基于样本数据的分布性质计算置信区间，从而提供对总体均值的可信估计.

（2）应用案例：市场调查中的均值估计.

假设一家市场研究公司进行了一项关于某个新产品的市场调查. 工作人员随机选择了一组消费者，邀请他们对该产品进行满意度评分. 现在，研究公司希望估计总体的平均满意度，并计算一个置信区间，以了解这一估计的可信度.

（3）正态分布的应用.

在上面的案例中，正态分布的应用如下：

a.数据收集.

市场研究公司收集了一组消费者的满意度评分数据. μ_1-

b.置信区间构建.

根据正态分布的性质，公司可以计算样本数据的均值（样本均值）和样本数据的标准差. 然后，他们可以利用正态分布的分位数来构建置信区间，通常采用 95%置信水平. 置信区间表示对总体平均满意度评分的估计范围，表示为

$$[\mu-1.96\frac{\sigma}{\sqrt{n}},\ \mu+1.96\frac{\sigma}{\sqrt{n}}].$$

其中：μ表示总体均值，σ表示总体标准差，n 表示样本大小.

c.结果解释.

得到置信区间后，研究公司可以解释它的含义. 例如，他们可以说：“我们估计总体的平均满意度评分介于 4.2~4.8 之间，置信水平为 95%. ”这意味着他们相信总体均值在这个范围内，但不能确定其具体值.

4.4.3.2 方差的置信区间

（1）背景和重要性.

方差的置信区间被用于估计总体方差，它也提供了对估计的不确定性的测量. 正态分布对构建方差的置信区间具有重要作用，它可以帮助研究人员计算样本方差的分布性质，并得出方差估计的区间范围.

（2）应用案例：质量控制中的方差估计.

假设一家生产电视机的电子公司通过关注屏幕亮度的方差判断产品的一致性和质量. 该公司从其生产的某一批电视机中随机抽取样本，测量样本的屏幕亮度的方差. 现在，他们希望估计总体屏幕亮度方差的范围，并计算置信区间.

（3）正态分布的应用.

在上面的案例中，正态分布的应用如下：

a.数据收集.

该公司收集了样本电视机的屏幕亮度方差数据.

b.置信区间构建.

根据正态分布的性质，该公司可以计算样本方差的分布，并基于样本数据构建方差的置信区间. 通常采用 95%置信水平，以表示对总体方差的估计范围.

c.结果解释.

得到方差的置信区间后，公司可以解释它的含义. 例如，他们可以说："我们估计总体屏幕亮度方差介于 500~700 之间，置信水平为 95%." 这意味着他们相信总体方差在这个范围内，但不能确定其具体值.

4.4.4 正态分布在风险管理中的应用

4.4.4.1 金融风险管理

（1）背景和重要性.

正态分布常被用于资产回报的概率分布建模. 金融市场中的投资组合回报通常被假定为正态分布或近似正态分布，这能帮助投资者和风险管理专业人员更好地理解和评估不同资产的风险，并制定投资策略.

（2）应用案例：投资组合风险评估.

假设某投资公司管理着多个客户的投资组合，包括股票、债券和其他资产. 该公司需要评估这些投资组合的风险水平，以确保它们与客户的风险偏好相符. 在这个案例中，正态分布的应用如下：

a.回报分布建模.

该公司利用不同资产的历史回报数据进行建模，通常假定这些回报数据近似正态分布. 现在要计算每种资产的均值和标准差.

b.投资组合构建.

该公司根据客户的要求构建投资组合，包括不同资产的权重分配. 此外还要计算整个投资组合的预期回报和标准差，以估计整体风险.

c.风险评估.

根据正态分布的性质，该公司可以计算投资组合在不同置信水平下的价值，这是一种估计投资组合风险的方法. 他们还可以构建投资组合的置信区间，以估计未来回报的不确定性.

d.策略制定.

基于风险评估结果，该公司可以为客户提供建议，帮助他们选择合适的投资策略，包括风险调整后的回报预期和风险容忍度.

4.4.4.2 自然灾害风险评估

（1）背景和重要性.

在自然灾害风险评估中，正态分布常被用于极端事件的概率分布建模，如地震、飓风或洪水的强度. 这有助于保险公司、政府机构和其他有关方面更好地理解和管理灾害风险，制定保险政策和风险应对策略.

（2）应用案例：地震风险评估.

假设某保险公司需要评估在某个地区发生地震的风险，并确定相应的保险费率. 在这个案例中，正态分布的应用如下：

a.地震数据收集.

该公司收集了该地区过去数十年的地震数据，包括地震的强度、频率和分布.

b.正态分布建模.

利用收集到的地震数据，建立地震强度的概率分布模型，通常假定为正态分布或相关的分布. 估计未来地震的发生概率和强度.

c.风险评估：利用正态分布模型来计算不同强度地震发生的概率，并估算损失的均值. 还可以构建置信区间，以考虑模型的不确定性.

d.制定保险费率：基于风险评估的结果，确定适当的保险费率，以覆盖地震风险. 该公司需要考虑客户的风险容忍度和公司的盈利目标.

4.4.5 正态分布在数据挖掘和机器学习中的应用

4.4.5.1 特征工程

（1）背景和重要性.

特征工程是数据挖掘和机器学习中的关键内容，它涉及数据的预处理和转换，以改善模型的性能. 在特征工程中，正态分布常常被用来处理数据，因为许多机器学习算法都假设数据服从正态分布.

（2）应用案例：数据标准化.

假设一个机器学习项目需要处理一个特征，该特征的分布偏离正态分布，可能呈现出偏斜或尾部重的特征. 在这种情况下，正态分布的应用如下：

a.数据收集.

收集包含该特征的数据集.

b.数据分析.

通过绘制直方图或概率图，分析特征的分布情况，确定是否偏离正态分布.

c.数据变换.

使用正态分布的变换方法，如对数变换或 Box-Cox 变换，将特征数据转化为更接近正态分布的形式.

d.特征标准化.

标准化处理可以保证所有特征具有相同的尺度，这对于机器学习算法很重要. 根据正态分布的性质，可以将特征标准化为均值为 0、标准差为 1 的正态分布.

e.模型应用：使用经过特征工程处理后的数据来训练机器学习模型，以提高模型的性能和准确性.

4.4.5.2 异常检测

（1）背景和重要性.

异常检测是在数据中识别和分析与正常行为不符的数据点的过程. 正态分布在异常检测中被用于建立正常数据的模型，然后检测与该模型显著不同的数据点，以识别异常.

（2）应用案例：异常检测.

假设某电力公司需要监测发电机的性能数据，如温度、振动等. 这些数据在正常情况下应该接近正态分布，但当机器出现故障或异常情况时，某些特征可能偏离正态分布. 在这种情况下，正态分布的应用如下：

a.建立正常模型.

利用历史数据建立各个特征的正态分布模型，包括均值和标准差.

b.异常检测.

当新的数据点到达时，通过比较其特征与正态分布模型的偏差程度来检测异常. 如果某个特征的偏差显著，表明可能存在机器故障或异常情况.

c.报警和维护.

如果检测到异常情况，系统可以触发报警，通知维护人员进行检修，从而缩短设备停机时间，减少损失.

第 5 章　参数估计和假设检验

参数估计是统计学中的一项关键任务，它旨在通过对样本数据的分析来估计总体的未知参数. 在统计学中，总体通常是研究人员感兴趣的整体群体或现象，而参数则是描述总体特征的数值，如总体均值、总体方差、总体比例等. 参数估计的核心任务是利用从总体中抽取的样本数据，推断出总体参数的估计值，从而使研究人员能够对总体进行更深入的了解.

参数估计的基本思想是假设总体参数遵循某种概率分布，并根据样本数据来拟合这一分布，然后利用分布的性质来估计参数值. 参数估计的结果通常是一个或多个数值，用于代表对总体参数的最佳猜测. 这些估计值可以帮助各个领域中的决策者做出基于数据的决策、预测未来趋势，进行风险评估.

5.1　点估计和区间估计

5.1.1　点估计

5.1.1.1 点估计的方法

（1）极大似然估计.

极大似然估计是一种常见的点估计方法，通过寻找参数值，使观察到的样本数据在该参数下的似然性最大，从而估计总体参数.

给定概率分布模型和观察到的样本数据，构建似然函数，表示参数θ下观察到样本的概率.

极大似然估计就是要找到使似然函数取得最大值的参数θ.

为了方便计算，通常会取对数似然函数，然后通过求导数或数值优化方法来找到最大化对数似然函数的参数值.

极大似然估计具有良好的渐进性质，即在样本容量增加时，估计值趋近于真实参数值.

（2）矩估计.

矩估计基于样本矩与理论矩之间的匹配来估计参数.

计算样本矩，如样本均值、样本方差等.

计算理论矩，即总体分布的矩，这些矩通常与参数有关.

利用样本矩与理论矩的匹配关系，解方程来估计参数.

矩估计通常比较简单，特别适用于样本容量较小或分布形状复杂的情况.

（3）贝叶斯估计.

贝叶斯估计基于贝叶斯统计理论，通过联合考虑参数的先验分布和观测数据的似然函数来计算参数的后验分布.

建立参数的先验分布，反映了对参数的先验信念.

利用贝叶斯定理，将先验分布与似然函数相乘，得到参数的后验分布.

从后验分布中提取统计量（如期望值、中位数等）作为参数的估计值.

贝叶斯估计允许将不确定性和先验信息纳入估计过程中，特别适用于小样本或缺乏先验信息的情况.

（4）最小二乘法.

最小二乘法通常被用于估计线性回归模型中的回归系数. 它通过最小化观察值与模型预测值之间的残差平方和来估计参数.

建立线性回归模型，表示观察值与参数的线性关系.

构建损失函数，通常为残差平方和.

最小化损失函数，求出回归系数的估计值.

最小二乘法通常适用于拟合直线、平面或高维线性关系，它的估计值是对观测数据的最佳拟合.

5.1.1.2 点估计的性质

点估计的性质是指估计值应满足的一些理想特征.

（1）无偏性.

无偏性是统计学中非常重要的性质，特别适用于点估计. 一个估计量被称为无偏估计，意味着在重复抽样的情况下，估计量的平均值等于真实参数值. 这个性质在统计推断中具有重要的理论和实际意义.

无偏性的数学表示为

$$E\hat{\theta}=\theta. \tag{5-1}$$

其中：$E\hat{\theta}$ 表示估计量的期望值；θ表示真实的总体参数值.

式（5-1）表明，在长期的统计实验中，估计值的平均将等于真实参数，这意味着估计量在平均意义下是准确的.

无偏性的重要性体现在它保证了估计方法的公正性和可靠性. 使用无偏估计来估计总体参数时，估计值不会有系统性的高估或低估，因此减小了估计误差的风险. 这对于科学研究、政策制定和决策制定都至关重要.

需要强调的是，虽然无偏性是一个重要的性质，但它并不是唯一的考虑因素. 有时候，研究人员可能更关心其他性质，如估计的方差、一致性或鲁棒性. 因此，在选择估计方法时，需要综合考虑这些性质，并根据特定问题的需求来确定最合适的估计方法.

（2）一致性.

一致性特别适用于点估计. 一致性估计在统计推断中具有重要的理论和实际意义，它涉及估计值是否在样本容量增加时逐渐接近真实总体参数值.

一致性的数学定义：当样本容量趋于无穷大时，估计量的极限值等于真实参数值，即 $\lim\limits_{n\to\infty}\hat{\theta}_n=\theta$. 其中，$\hat{\theta}_n$ 表示样本大小为 n 时的估计值；θ表示真实的总体参数值. 这表明，随着样本的增加，估计值逐渐趋向于真实值.

一致性的重要性在于它保证了估计方法在大样本情况下的准确性. 当样本容量较小时，估计值可能会有较大的波动，但一致性保证了在大样本情况下，估计值将更加接近真实参数值. 这对于科学研究和实际决策非常关键，这意味着随着数据量的增加，估计结果会变得更加可靠.

（3）有效性.

在统计学中，估计方法的有效性是一个关键的性质. 它关注的是估计方法产生的估计值的稳定性和准确性，特别是在考虑估计误差时. 有效性与估计值的方差紧密相关. 方差能够反映出估计值的离散程度，较小的方差表示估计值更加稳定，波动更小. 如果某种估计方法产生的估计值具有较小的方差，则这种估计方法被认为是有效的.

有效估计方法通常具有较小的均方误差（mean squared error，MSE）. 均方误差是估计值与真实参数值之间的平方差的期望值，通常表示为

$$MSE(\hat{\theta})=E(\hat{\theta}-\theta)^2. \tag{5-2}$$

其中：$\hat{\theta}$ 表示估计值；θ表示真实参数值.

有效估计方法的均方误差较小意味着它们在平均意义下能够提供更接近真实值的估计.

有效性还与信息量紧密相关. 在样本容量相同的情况下，有效估计方法通常能提供更多的信息，因此能够更准确地估计参数. 信息量通常被用于描述估计方法的精度，有效估计方法提供了更多的信息，因此具有更高的效率.

（4）渐进正态性.

在统计学中，渐进正态性通常在大样本情况下成立. 它指的是随着样本容量的增加，点估计的分布逐渐趋向于正态分布. 这一性质的出现使得研究人员可以利用正态分布的性质来进行假设检验、置信区间估计和统计推断.

渐进正态性的重要性在于它使统计推断更加可靠. 当样本容量足够大时，根据中心极限定理，许多估计量的分布都趋近于正态分布. 因此，可以在不知道总体分布的情况下，利用正态分布的性质进行推断，如计算置信区间或进行假设检验. 这种方法的可行性使得统计学成为各个领域中数据分析和决策制定的重要工具.

渐进正态性有助于提供估计值的精确性和稳定性. 在大样本情况下，点估计的分布接近正态分布，这意味着可以使用正态分布的标准差等信息来评估估计的精确性，从而更好地理解估计值的不确定性.

渐进正态性也在统计模型的假设检验中发挥着关键作用. 许多假设检验方法依赖于样本统计量的正态性分布，这可以帮助研究人员计算 p 值并做出统计决策. 因此，对于大样本情况下的统计推断，渐进正态性是确保推断结果准确和可靠的基础.

（5）鲁棒性.

在统计学中，特别是在数据分析中，鲁棒性是一个关键的概念. 它指的是统计方法或估计量对数据中的异常值、极端观测值或偏差数据的敏感程度. 在实际应用中，数据集中常常包含一些与总体分布不符或者明显偏离正常情况的观测值，这些观测值可能是

由测量误差、记录错误、异常事件等导致的.

鲁棒性在统计分析中具有重要意义. 传统的统计方法，如均值、方差等，对于异常值非常敏感，一个极端值可以显著改变这些统计量的值. 这可能导致不准确的结果，或者做出错误的决策. 而鲁棒性估计方法，如中位数、分位数、M-估计等方法，更能抵御异常值的干扰，提供更为稳健和可靠的估计.

鲁棒性估计在多个领域中都有应用. 例如：在金融领域，股市波动率的异常变动可能导致极端的收益或损失，因此需要采用鲁棒性方法来评估风险；在医学研究中，异常的生物医学数据可能是实验误差或者是疾病变化的结果，因此需要使用鲁棒性统计方法来获取更可靠的估计结果.

5.1.2 区间估计

区间估计是一种重要的参数估计方法. 与点估计不同，区间估计不仅提供了对总体参数的估计值，还提供了估计的不确定性范围. 区间估计的结果通常表示为一个区间，被称为置信区间，它能够反映参数估计的可信程度和精度.

（1）正态分布下的置信区间.

当总体分布近似正态分布时，可以使用 z 分布或 t 分布来计算置信区间. 例如，可以使用样本均值、样本标准差和样本容量来计算总体均值的置信区间.

（2）非正态分布下的置信区间.

在非正态分布的情况下，通常使用 Bootstrap 方法或其他非参数统计方法来估计置信区间. Bootstrap 方法指的是从样本中重复抽取样本，并计算每个抽样样本的参数估计，然后利用这些抽样样本的分布来估计参数的置信区间的方法.

Bootstrap 方法的步骤如下：

第一步，从原始样本中随机抽取大量的重复样本（有放回抽样）；

第二步，计算每个重复样本的参数估计值，如均值、中位数等；

第三步，构建参数估计的分布；

第四步，根据所需的置信水平选择适当的百分位数，构建置信区间.

（3）置信水平.

置信水平表示置信区间包含真实参数的概率. 通常以百分比形式表示置信水平，如

95%置信水平表示置信区间包含真实参数的可信程度为 95%. 更高的置信水平意味着更宽的区间. 下面是三种常见的置信水平.

a.95%置信水平：实践中最常见的选择，通常用于一般统计推断.

b.99%置信水平：提供更高的可信度，但会导致更宽的置信区间.

c.90%置信水平：提供较低的可信度，但会导致较窄的置信区间.

置信水平的选择取决于研究的要求和对估计的信心水平. 较高的置信水平通常需要更大的样本容量，以保证估计的精度.

5.2 极大似然估计

5.2.1 极大似然估计的原理

极大似然估计（maximum likelihood estimation，MLE）是一种用于估计参数的统计方法，它基于一个简单而强大的原理：选择能够使观测数据出现的概率最大化的参数值作为估计值.

首先，建立一个称为似然函数的数学函数. 似然函数表示在给定参数值的情况下，观测到样本数据的概率. 这个函数通常用 $L(\theta|X)$ 表示，θ表示参数，X 表示观测数据. 似然函数的形式取决于所研究的问题和数据的分布.

其次，找到使似然函数取得最大值的参数值，即极大似然估计值. 这通常通过对似然函数取导数，并令导数等于零来实现. 解出这个方程的参数值即为 *MLE*.

最后，找到使似然函数最大化的参数值就得到了 *MLE* 估计值. 可以用这个估计值来描述总体参数的最有可能的值.

5.2.2 极大似然估计的应用

5.2.2.1 回归分析

（1）回归分析的概念和应用.

回归分析是一种重要的数据分析方法，被用于研究自变量（解释变量）与因变量（响应变量）之间的关系. 其目标是建立一个数学模型，描述自变量与因变量之间的关联，并用该模型进行预测、推断和解释. 回归分析被广泛应用于各个领域，如经济学、医学、社会科学和工程学等.

在简单线性回归中，考虑一个自变量 x 和一个因变量 y 的关系，该关系可以表示为

$$y=\beta_0+\beta_1x+\varepsilon. \tag{5-3}$$

其中：β_0 和β_1 表示回归系数；ε表示误差项.

回归分析的目标是估计回归系数，找到最佳拟合的直线，以解释 x 对 y 的影响.

极大似然估计是一种常用的参数估计方法，也在回归分析中被广泛应用. 它通过最大化观测数据在给定回归模型下的似然函数来估计回归模型的参数.

在简单线性回归中，通常假设误差项ε符合正态分布，并且具有恒定的方差. 极大似然估计的目标是找到使观测数据在回归模型下出现的概率最大的回归系数β_0 和β_1.

具体步骤如下：

第一步，构建似然函数，表示观测数据在回归模型下的概率分布. 对于简单线性回归，似然函数通常基于正态分布.

第二步，最大化似然函数，求出β_0 和β_1，使观测数据的出现概率最大化.

极大似然估计的优势在于它提供了统计性质良好的估计量，具有渐进性质，适用于不同类型的回归模型. 它能够帮助研究人员建立回归模型，解释变量之间的关系，并进行参数估计和假设检验，从而为决策提供有力支持.

（2）极大似然估计在多元回归中的应用.

多元回归模型是回归分析中的一个扩展，考虑多个自变量与一个因变量之间的线性关系，其模型可以表示为

$$y=\beta_0+\beta_1x_1+\beta_2x_2+\cdots+\beta_px_p+\varepsilon. \tag{5-4}$$

其中：y 表示因变量；x_1，x_2，…，x_p 表示自变量；β_0，β_2，…，β_p 表示回归系数；ε表示误差项.

在多元回归中，极大似然估计仍然是一种强大的参数估计方法. 与简单线性回归类似，假设误差项ε服从正态分布，并通过最大化似然函数来估计回归模型的参数.

具体步骤如下：

第一步，构建似然函数，表示观测数据在多元回归模型下的概率分布，通常基于多元正态分布.

第二步，最大化似然函数，求出β_0，β_1，…，β_p，使观测数据的出现概率最大化.

极大似然估计在多元回归中允许考虑多个自变量之间的关系，并提供了多个回归系数的估计. 这使得研究人员能够更全面地理解因变量与自变量之间的复杂关系.

（3）极大似然估计在广义线性模型中的应用.

广义线性模型（generalized linear model，GLM）是回归分析的进一步扩展，它允许因变量不满足正态分布的假设. 广义线性模型将线性关系的概念扩展到更广泛的情形，如二项分布、泊松分布等. 广义线性模型的形式为

$$g(\mu)=\beta_0+\beta_1x_1+\beta_2x_2+\cdots+\beta_px_p. \tag{5-5}$$

在广义线性模型中，极大似然估计仍然是一种有力的参数估计方法. 与传统线性回归的正态分布假设不同，广义线性模型通过选择适当的连接函数 $g(\mu)$ 和概率分布族来描述因变量的分布. 极大似然估计的目标是最大化似然函数，找到使观测数据在给定广义线性模型下出现的概率最大的回归系数.

具体步骤如下：

第一步，构建似然函数，表示观测数据在广义线性模型下的概率分布，其中包括连接函数 $g(\mu)$ 和概率分布族的参数.

第二步，最大化似然函数，求回归系数β_0，β_1，β_2，…，β_p，使观测数据的出现概率最大化.

广义线性模型的应用范围较广，它不局限于正态分布，还适用于二项分布（逻辑回归）、泊松分布等. 这使极大似然估计成为解决各种类型数据分析问题的有力工具，包括分类、计数数据和时间序列分析等.

5.2.2.2 分类问题

（1）分类问题与逻辑回归.

分类问题是机器学习和统计学中的重要问题领域，分类的目标是将数据点分为不同的类别或标签. 在分类问题中，极大似然估计被广泛应用，特别是在逻辑回归中.

逻辑回归是一种建立分类模型的线性回归技术，它通常被用于解决二元分类问题，但也可扩展到多元分类问题. 其基本思想是通过逻辑函数将线性组合的特征映射到 0 到 1 之间的概率值，从而确定观测数据点属于某一类别的概率.

（2）极大似然估计在逻辑回归中的应用.

在逻辑回归中，极大似然估计被用于估计模型的参数，以便使观测数据的似然最大化. 具体应用步骤如下：

第一步，构建似然函数，表示观测数据点属于各个类别的似然. 在二元分类中，似然函数通常基于伯努利分布，表示观测数据点属于类别 1 或类别 0 的概率.

第二步，最大化似然函数，通过数值优化方法或梯度下降等算法，求回归系数β_0，β_1，…，β_p，以使观测数据的似然最大化.

第三步，估计得到的回归系数可用于预测新数据点的类别概率或进行分类决策.

（3）逻辑回归的优点与应用.

a.解释性强.

逻辑回归模型的系数可以解释自变量对分类结果的影响程度，有助于理解问题背后的因果关系.

b.可扩展性.

逻辑回归不仅适用于二元分类问题，还可以扩展到多元分类问题.

c.应用广泛.

逻辑回归在医学、金融、自然语言处理、图像分类等领域被广泛应用，主要被用于疾病预测、信用评分、文本分类等任务.

d.模型稳定.

逻辑回归通常不容易过拟合，适用于小样本数据集.

无论是二分类问题还是多分类问题，都可以使用逻辑回归方法，如手写数字识别、情感分析等.逻辑回归为数据科学家和研究人员提供了强大的分类工具. 通过极大似然估计，逻辑回归能够根据观测数据学习模型的参数，使其适应不同的数据分布和特征，从而做出准确的分类决策.

5.2.2.3 生存分析

在生存分析中，极大似然估计被用来估计生存时间分布的参数，如生存函数和风险函数. 生存分析的主要应用领域为医学和生物学，被用于研究事件发生（如患病或死亡）

的时间. 通过极大似然估计，可以估计不同因素对事件发生的影响，并推断生存分布和风险.

（1）生存分析的概念和应用.

生存分析是一种统计方法，又称生存时间分析或事件时间分析，主要被用来研究事件（如患病、死亡、机械故障等）的时间发生情况. 它的应用领域广泛，特别是在医学和生物学领域，被用于分析患者的生存时间、药物的有效性、疾病变化情况等. 生存分析关注事件发生的时间和与事件发生相关的因素.

（2）极大似然估计在生存分析中的作用.

在生存分析中，研究人员通常关注两个重要的概念，即生存函数（survival function）和危险函数（hazard function）.

生存函数描述了在给定时间点之前生存的概率. 它是关于时间的累积分布函数，通常记为 $S(t)$；危险函数表示在给定时间点附近事件发生的概率，它是在给定时间内事件发生的概率密度函数，通常记为 $h(t)$.

在生存分析中，极大似然估计被用于估计生存函数和危险函数的参数. 具体应用步骤如下：

第一步，构建似然函数. 根据观测数据和假设的生存分布（如指数分布、韦伯分布等）构建似然函数，表示观测数据在给定模型下的似然.

第二步，最大化似然函数. 通过数值优化方法最大化似然函数，估计模型的参数，包括生存函数和危险函数的参数.

第三步，推断生存分布和危险. 根据估计的参数，推断生存分布和危险函数，了解事件发生的规律和影响因素.

5.2.2.4 深度学习

（1）深度学习概述.

深度学习是机器学习的一个分支，旨在通过模拟人脑神经网络的工作原理，构建深层次的神经网络模型，以实现复杂的模式识别、特征提取和决策任务. 深度学习已经在计算机视觉、自然语言处理、语音识别、强化学习等领域取得了卓越的成就.

（2）极大似然估计和神经网络训练.

在深度学习中，神经网络训练的关键目标是调整网络的参数，以最大化观测数据的似然. 为了实现目标，定义一个损失函数（loss function），损失函数可以测量模型的预测与真实观测之间的差距. 通过最大化似然，提高模型对观测数据的预测的准确性，从而逐渐学习到数据的分布和特征.

（3）深度学习中的极大似然估计流程.

深度学习中的极大似然估计流程通常包括以下步骤.

第一步，构建神经网络模型.

深度学习的第一步是构建神经网络模型. 这个模型通常包括输入层、隐藏层和输出层. 每一层都由神经元组成，并且神经元之间通过权重连接在一起. 神经网络的结构和参数数量取决于具体任务和问题的复杂性.

第二步，定义损失函数.

在深度学习中，需要定义一个损失函数，用来测量模型的预测结果与真实观测之间的差距. 常见的损失函数包括 MSE、交叉熵损失（cross-entropy loss）等. 损失函数的选择取决于任务的性质. 例如，回归任务和分类任务需要用到不同的损失函数.

第三步，初始化模型参数.

在开始训练之前，需要对神经网络的参数进行初始化. 参数包括权重和偏差. 通常，这些参数会被随机初始化，以确保网络在初始阶段不会陷入局部最优解.

第四步，前向传播.

神经网络模型和损失函数一旦被定义和初始化，就可以开始前向传播. 前向传播是指将输入数据传递到网络中，并通过网络计算输出. 每个神经元将输入信号与权重相乘，然后通过激活函数（如 relu 函数、sigmoid 函数等）产生输出. 这个过程从输入层开始，逐层向前传播，直到到达输出层.

第五步，计算损失.

在前向传播的过程中，通过损失函数计算模型的预测与真实观测之间的差距. 通常用一个标量值表示这个差距，以衡量模型的性能. 目标是最小化这个损失值，使模型的预测更接近真实观测.

第六步，反向传播.

反向传播是深度学习中的关键步骤，它被用于计算损失对网络参数的梯度. 梯度是一个向量，包含了损失函数对每个参数的偏导数. 反向传播使用链式法则来计算这些偏导数，从输出层开始逐层向后传播. 计算梯度的过程反映了如何调整网络参数以减小损失.

第七步，参数更新.

计算出梯度后，可以使用优化算法（如随机梯度下降法、Adam 等）来更新网络的参数. 优化算法根据梯度的方向和大小来调整权重和偏差，尽量减小损失函数. 这个过程是迭代的，会多次进行参数更新，直到达到停止条件（如训练轮数、损失收敛等）.

第八步，迭代训练.

整个训练过程是迭代的，通过不断重复前向传播、计算损失、反向传播和参数更新的步骤，神经网络逐渐学习到数据的分布和特征. 这个过程可能需要多轮训练，直到模型在训练数据上表现出满意的性能.

5.2.2.5 信号处理

信号处理涉及采集、处理、分析和解释信号的方法和技术. 信号可以是各种形式的数据，包括声音、图像、电子信号等. 在信号处理中，常常需要估计信号模型的参数，以便提取有关信号的信息或进行噪声滤波.

（1）频谱估计中的极大似然估计.

在频谱估计中，极大似然估计被广泛用于估计信号的频率成分和幅度. 频谱估计旨在确定信号在频域上的特性，包括频率分量的位置和强度.

第一步，为信号建立频域模型，通常使用正弦波或复指数模型来描述信号的频率成分. 模型参数包括频率、幅度、相位等.

第二步，为了应用极大似然估计，需要定义一个似然函数，描述观测信号与模型预测之间的概率关系. 似然函数通常基于高斯分布假设，表示观测数据在给定模型下的概率.

第三步，通过最大化似然函数估计模型的参数，包括频率和幅度. 这可以通过数值优化方法（如梯度上升法）来实现.

第四步，根据估计的频率成分和幅度得到信号的频谱估计. 频谱图可以体现信号在不同频率上的能量分布，有助于频域分析和特征提取.

（2）噪声滤波中的极大似然估计.

噪声滤波是信号处理的关键任务之一，旨在减小噪声对信号的影响，以提取有用的信息.

第一步，对噪声进行建模，通常假设为高斯噪声或其他分布. 噪声模型的参数包括均值和方差.

第二步，为了应用极大似然估计，需要定义观测数据在给定噪声模型下的似然函数. 似然函数表示观测数据与噪声模型的吻合程度.

第三步，通过最大化似然函数估计噪声模型的参数，尤其是噪声的均值和方差. 这有助于更好地理解噪声的特性.

第四步，根据估计的噪声模型参数设计滤波器，来抑制噪声成分，从而提高信号的质量和可用性.

5.3 假设检验的基本概念

假设检验是一种统计方法. 指的是在给定样本数据的情况下，对关于总体参数或总体分布的某些假设进行验证或推断. 它是一种用来判断观测数据是否支持某一假设的工具，通常涉及两个竞争性的假设：第一，零假设（H_0）. 零假设是研究人员想要进行检验的假设，通常表示没有效应、没有关联、没有差异等. 零假设是一种默认的假设，研究人员需要提供证据来拒绝它；第二，备择假设（H_1或H_a）. 备择假设是与零假设相对立的假设，通常表示存在效应、存在关联、存在差异等. 备择假设是研究人员希望证明的假设，如果数据提供了足够的证据，就可以拒绝零假设，支持备择假设.

5.3.1 假设检验的基本思想

假设检验的过程始于对问题的明确定义，包括制定两个竞争性的假设：H_0和H_1. H_0通常表示没有效应、没有差异或没有关联，而H_1则表示存在效应、存在差异或存在关联.

假设检验考虑了两种类型的错误：第一类错误和第二类错误. 第一类错误是拒绝了实际上为真的零假设，称为“假阳性”，其概率为显著性水平；第二类错误是接受了实际上为假的零假设，称为“假阴性”，其概率为β.

显著性水平（α）是在假设检验中设定的阈值，表示犯第一类错误的概率. 常见的显著性水平包括 0.05 和 0.01，但可以根据问题的重要性和研究的需求进行调整.

检验统计量是根据收集的样本数据计算的统计量，用于测量观测数据与零假设之间的差异. 不同类型的假设检验使用不同的检验统计量，如 t 统计量、F 统计量、卡方统计量等.

经过计算得到检验统计量后，将其与相应的临界值（由显著性水平确定）进行比较：如果检验统计量落在拒绝域（临界值的范围外），则拒绝 H_0，支持 H_1；如果检验统计量落在接受域（临界值的范围内），则接受 H_0.

研究人员需要根据假设检验的结果，做出应对实际问题的决策. 这可能包括解释研究结果、制定政策、修改生产流程等.

5.3.2 假设检验的目的

假设检验的主要目的是根据收集的样本数据来推断总体参数或总体分布的性质，以便进行科学研究、制定决策或解决问题. 通过明确的假设检验过程，研究人员可以在统计学上对假设进行验证，从而提高对所研究问题的理解和信心.

5.3.2.1 推断总体特性

（1）均值检验.

均值检验是一种用于验证总体均值是否等于某个特定值的假设检验方法. 这个特定值通常是一个假设的平均值. 均值检验的基本思想是通过样本数据来判断总体均值是否与假设一致，或者是否存在显著差异.

例如，在药物疗效研究中，研究人员可能想要检验新药的平均疗效是否与标准药物相同. 假设 H_0 是新药的平均疗效等于标准药物的平均疗效，H_1 是新药的平均疗效与标准药物的平均疗效不同. 通过采集一定数量的患者数据，研究人员可以计算样本均值，并使用假设检验来判断是否有足够的证据拒绝 H_0.

（2）方差检验.

方差检验是一种验证总体方差是否满足某些要求的假设检验方法. 这通常涉及检验总体方差是否等于某个特定值，或者是否在某个范围内.

例如，在制造业中，产品的质量控制至关重要. 利用方差检验，可以验证产品的方差是否在质量控制标准范围内. 假设 H_0 是产品的方差等于标准方差，H_1 是产品的方差不等于标准方差. 通过收集一系列产品的样本数据，并使用假设检验来比较样本方差与标准方差，可以确定产品是否满足质量标准.

5.3.2.2 比较不同组别或条件

（1）均值比较.

均值比较是假设检验的重要应用，研究人员用它来比较不同组别或条件下的总体均值，以确定它们是否存在显著差异. 这种类型的假设检验通常涉及两组或多组样本数据，其中每组都具有一个特定的条件或处理.

例如，在医学研究中，研究人员可能想要比较两种不同治疗方法（治疗组和对照组）对患者的平均生存时间是否有显著差异. 假设 H_0 为治疗组和对照组的平均生存时间相同，而 H_1 为治疗组和对照组的平均生存时间不同. 通过采集相应的样本数据并进行均值比较的假设检验，研究人员可以判断是否有足够的证据来拒绝 H_0，从而得出生存时间是否存在显著差异的结论.

（2）比例比较.

假设检验还可以用来比较两个或多个组别中的比例是否相同. 这种类型的假设检验通常被用于进行市场研究、社会科学和医学研究等，以比较不同组别中某一特征或事件的发生比例.

例如，在市场调查中，研究人员可能想要了解两个市场部门购买某产品的比例是否相同. 假设 H_0 为两个市场部门购买产品的比例相同，而假设 H_1 为两个市场部门购买产品的比例不同. 采集相关的市场数据（包括购买和未购买产品的样本数量）后进行比例比较的假设检验，研究人员可以确定是否有足够的证据来拒绝 H_0，从而判断两个市场部门购买产品的比例是否存在显著差异.

5.3.2.3 假设验证与拒绝

（1）科学研究中的假设验证与拒绝.

假设检验被用于验证研究假设，从而推进科学知识的发展.

a.宇宙学研究. 天文学家可以使用假设检验来验证关于宇宙结构和行星系统的假设. 例如，当天文学家发现一个新的行星时，他们可以通过检验行星的性质、轨道和质量等是否与已知的行星系统相似，来验证关于这个新行星的假设. 如果假设检验表明这个新行星与已知的行星系统在统计性质上相同，那么这个发现就可以被接受.

b.生物学研究. 在生物学研究中，假设检验被用于验证有关生物体特性、遗传变异或药物效应的假设. 例如，生物学家可以使用假设检验来确定某种药物是否显著缓解患者的病症. 他们可以假设 H_0 为药物没有效果，H_1 则为药物具有显著效果. 通过收集患者数据并进行药效性的假设检验，可以验证或拒绝药物的疗效假设.

（2）决策制定中的假设验证与拒绝.

假设检验也在政策制定和企业管理中发挥着关键作用，它可以帮助评估政策、决策或战略的效果.

a.政府政策评估. 政府制定政策时，常常需要评估政策的效果. 假设检验可以用来确定政策是否显著影响了相关指标，如失业率、经济增长率等. 如果检验结果显示政策的效果显著，政府可以继续执行该政策或进行相应的调整. 如果检验结果不显著，政府可能需要重新考虑政策方向.

b.企业决策. 在企业管理中，假设检验可以用于评估各种决策的效果，如市场营销策略、产品创新和成本削减措施. 企业可以通过比较实施前后的业绩数据，使用假设检验来验证是否有显著改善. 这有助于企业确定哪些策略或措施是有效的，哪些策略或措施需要进一步改进或调整.

5.4 假设检验的步骤与类型 I 和类型 II 错误

5.4.1 假设检验的步骤

5.4.1.1 提出假设

假设检验的第一步是明确研究中所涉及的两个假设：H_0 和 H_1. 这两个假设是互斥的.

H_0 是假设检验的出发点，通常表示一种基本的、无效果或无差异的假设. H_0 的形式可以根据研究问题而变化，但它通常具有以下特点.

（1）无效果假设.

H_0可以表示两组之间没有明显差异或实验处理没有显著影响. 例如，H_0可以表示一种新药物的效果与安慰剂相同.

（2）无关联假设.

在相关性分析中，H_0可以表示变量之间没有相关性. 例如，H_0可以表示两个变量之间的相关系数为零.

（3）无差异假设.

在均值比较中，H_0通常表示两组的均值相等. 例如，H_0可以表示两种生产方法的平均产量相同.

H_0的提出是出于谨慎和保守考虑的，它要求研究人员提供足够的证据来推翻这一假设. 在统计学中，H_0的提出是为了建立一个反证法的框架，研究人员需要提供足够的证据来拒绝H_0，从而得出H_1成立的结论.

备择假设是研究人员希望验证的假设，它通常表示一种有效果、有关联或有差异的假设. 备择假设的形式应该与H_0相对应，反映研究人员的猜测和研究的方向. 备择假设通常具有以下特点：

（1）有效果假设.

备择假设可能表示一种处理或干预对实验结果产生了显著影响. 例如，H_1可以表示一种新教育方法提高了学生的成绩.

（2）有关联假设.

在相关性分析中，备择假设可以表示变量之间存在明显的相关性. 例如，H_1可以表示两个变量之间的相关系数不为零.

（3）有差异假设.

在均值比较中，备择假设通常表示两组的均值不相等. 例如，H_1可以表示两种广告策略的效果不同.

备择假设的提出是为了测试研究人员的猜想，并寻找足够的证据来支持其猜想. 在假设检验中，如果数据提供了足够的证据来拒绝H_0，那么就可以得出备择假设成立的结论.

5.4.1.2 收集数据

（1）确定数据收集方法.

数据的收集方法应该根据研究问题和研究设计的特点来确定.

a.试验设计：在试验研究中，研究人员可以控制和操作变量，以收集数据来测试假设. 试验通常包括处理组和对照组，以比较不同处理条件下的结果.

b.观察法：观察法涉及观察和记录事件、现象或行为. 通常，遇到无法进行试验的情况时会采用观察法，如社会科学领域的调查研究.

c.调查方法：通过问卷调查或面对面访谈等方式，收集被调查者的观点和意见. 在收集主观性数据时，常用到调查方法.

d.次生数据分析：研究人员可以利用已有的数据集进行分析，以回答研究问题. 这种方法适用于对大规模数据集和历史数据的分析.

（2）样本容量的确定.

样本容量的确定是一个重要的环节，通常由下面几个因素来决定.

a.总体规模：总体规模是指研究对象的整体规模. 如果总体规模较小，通常需要较小的样本容量. 如果总体规模较大，可能需要更大的样本容量才能获得有代表性.

b.显著性水平（α）：显著性水平表示在假设检验中拒绝 H_0 的阈值. 常见的显著性水平包括 0.05 和 0.01. 较低的显著性水平通常需要更大的样本容量.

c.效应大小.

效应大小表示要检测的效应的大小. 如果效应较大，通常需要较小的样本容量. 如果效应较小，可能需要更大的样本容量才能检测到显著差异.

d.统计功效.

统计功效表示在假设检验中正确拒绝 H_0 的概率. 较高的统计功效通常需要较大的样本容量.

（3）数据的代表性.

收集的数据应该具有代表性，以便对总体进行推断. 具有代表性的数据的获取通常涉及随机抽样方法，以保证每个个体或观测单位都有机会被包括在样本中. 随机抽样可以降低样本选择偏差，使样本更能反映总体的特征.

5.4.1.3 选择显著性水平

（1）显著性水平的定义.

显著性水平（α）是在假设检验中设定的阈值，用于决定在何种程度上拒绝 H_0. 通常，α表示犯第一类错误的风险，也就是错误地拒绝了一个实际上为真的 H_0. 常见的显著性水平包括 0.05（5%）和 0.01（1%）.

当选择α=0.05 时，研究人员接受了 5%的风险，即有 5%的概率错误地拒绝了 H_0.

当选择α=0.01 时，研究人员接受了 1%的风险，即有 1%的概率错误地拒绝了 H_0.

（2）显著性水平的选择考虑因素.

选择显著性水平时需要综合考虑以下因素：

a.研究问题的性质：不同的研究问题可能需要不同的显著性水平. 一些问题可能对错误拒绝 H_0 的风险更为敏感，因此可能选择较低的α. 而另一些问题可能更容忍第一类错误，因此可以选择较高的α.

b.统计推断的要求：某些研究需要更高的统计功效，这意味着需要选择较低的α，以降低犯第二类错误的风险. 例如，在医学研究中，可能更愿意接受较低的α，以确保发现治疗效果.

c.领域标准：某些领域或学科可能有常规的显著性水平选择标准. 例如，在社会科学研究中，常见的α水平可能为 0.05，而在粒子物理学中，常见的α水平可能更为严格.

d.研究人员的偏好：研究人员的偏好也会影响显著性水平的选择. 有些研究人员可能更愿意接受第一类错误的风险，以获得更高的灵敏度，而其他人可能更谨慎，选择较低的α.

（3）调整显著性水平.

在多重假设检验或多次推断的情况下，需要考虑显著性水平的调整. 常见的调整方法包括 Bonferroni 校正和 Benjamini-Hochberg 方法，以控制整体的错误率.

5.4.1.4 做出统计决策

（1）检验统计量与显著性水平.

在进行假设检验之前，需要计算一个检验统计量，这是根据收集到的样本数据和所选的统计检验方法计算得出的. 检验统计量是反映样本数据与 H_0 之间的差异或关联性的变量. 同时，研究人员需要设定显著性水平，它是决定在何种情况下拒绝 H_0 的阈值. 显著性水平通常反映了犯第一类错误（错误地拒绝真实的 H_0）的风险.

（2）拒绝域的设定.

拒绝域是一组检验统计量的取值范围，如果计算得到的检验统计量的值落在这个范围内，那么就会拒绝 H_0. 拒绝域的设定基于显著性水平和假设检验的性质. 通常，拒绝域位于检验统计量的分布曲线上，具体的位置取决于所选的显著性水平.

如果检验统计量的值在拒绝域内，即小于或等于显著性水平，那么拒绝 H_0.

如果检验统计量的值不在拒绝域内，即大于显著性水平，那么不拒绝 H_0.

（3）根据检验结果做出统计决策.

根据拒绝域的设定和计算得到的检验统计量的值，可以做出统计决策. 这个决策通常遵循以下原则：

如果检验统计量的值在拒绝域内，那么拒绝 H_0. 这表示研究人员认为样本数据提供了足够的证据来支持备择假设，即存在某种效应或关联.

如果检验统计量的值不在拒绝域内，那么不拒绝 H_0. 这表示研究人员认为样本数据未提供足够的证据来支持备择假设，但不一定意味着 H_0 是真实的.

5.4.1.5 得出结论

（1）拒绝 H_0 的结论.

如果根据显著性水平和检验统计量的计算，决定拒绝 H_0，那么通常会得出备择假设成立的结论. 这意味着研究人员认为样本数据提供了足够的证据来支持备择假设，即存在某种效应、关联或差异. 这个结论会对研究的科学解释和实际应用产生重要影响，因为它可能改变研究人员对研究问题的理解，并导致采取不同的行动或决策.

（2）不拒绝 H_0 的结论.

如果根据显著性水平和检验统计量的计算，决定不拒绝 H_0，那么通常会得出无足够证据支持备择假设的结论. 这意味着研究人员认为样本数据未提供足够的证据来支持备择假设，但不一定意味着 H_0 是真实的. 这个结论也具有科学意义和实际意义，因为它表示没有足够的证据来支持对研究问题的某种特定假设，可能需要进一步研究或更多的数据以获得更多信息.

需要强调的是，得出结论不能只看统计计算的结果，还需要考虑实际问题的背景和研究目的. 研究人员应该解释结论的含义，讨论其对研究领域或实际应用的影响，并明确结论的局限性. 此外，如果得出了拒绝 H_0 的结论，还可以进一步进行效应大小的估计，以量化效应的重要性.

（3）解释假设检验的结果.

说明假设检验的结果在研究问题中的意义和实际应用. 这包括对拒绝或不拒绝 H_0 的解释，以及与研究问题的相关性. 解释结果对于研究的科学和实际意义至关重要.

5.4.2 类型Ⅰ错误与类型Ⅱ错误的概念和权衡

5.4.2.1 类型Ⅰ错误（α错误）

（1）概念.

类型Ⅰ错误是假设检验中的一种错误，它表示在实际上 H_0 为真的情况下，通过假设检验错误地拒绝了 H_0 的概率. 具体来说，当研究人员在假设检验中得出拒绝 H_0 的结论时，但实际上 H_0 是正确的，这就产生了类型Ⅰ错误. 类型Ⅰ错误通常用α表示，是显著性水平的大小.

（2）权衡.

权衡类型Ⅰ错误的概率通常通过设定显著性水平α来控制. 显著性水平是在进行假设检验时事先设定的阈值，它表示在拒绝 H_0 之前所需的强有力的证据. 一般来说，较低的显著性水平（如 0.01 或 0.05）可以降低类型Ⅰ错误的概率，使研究人员更谨慎地拒绝 H_0.

然而，权衡的关键在于，降低α的同时可能会增加类型Ⅱ错误的概率（β错误）. 类型Ⅱ错误是指在实际上备择假设为真的情况下，通过假设检验错误地未拒绝 H_0 的概率. 因此，选择较低的显著性水平会使得检测备择假设更为困难，可能导致错失探测到真实效应的机会. 这就构成了类型Ⅰ错误与类型Ⅱ错误之间的权衡.

在研究设计和假设检验过程中，研究人员需要根据研究问题的重要性、实际需求和风险承受能力来选择适当的显著性水平. 较低的α可以提高研究的严谨性，但也可能导致样本量需求增加，同时增加了犯类型Ⅱ错误的概率. 因此，研究人员需要在保证科学严谨性的前提下，综合考虑类型Ⅰ错误和类型Ⅱ错误，以做出明智的决策，确保假设检验的结果具有可靠性和实际应用价值.

5.4.2.2 类型Ⅱ错误（β 错误）

（1）概念.

类型Ⅱ错误是假设检验中的一种错误，它指的是在实际上备择假设为真的情况下，通过假设检验错误的未拒绝 H_0 的概率. 换句话说，类型Ⅱ错误发生时，研究人员未能检测到备择假设成立，而错误地接受了 H_0. 类型Ⅱ错误表示未能发现实际存在的效应或关联.

（2）权衡.

权衡类型Ⅱ错误的概率通常由统计功效（也称为测试效能）来控制，统计功效是假设检验中的一个重要指标，它表示检测备择假设的能力. 提高统计功效可以减少犯类型Ⅱ错误的概率，即增加了发现备择假设成立的可能性. 为提高统计功效，通常需要采取以下措施.

a.增加样本容量：更大的样本容量可以提高检测效能，因为它可以减小估计的标准误差，使效应更容易被检测到.

b.选择敏感的统计检验：选择适当的统计检验方法，以确保在备择假设成立时具有足够的检测力.

c.提高研究的设计效率：合理的试验设计和数据收集方法可以提高统计功效.

（3）权衡关系.

类型Ⅰ错误和类型Ⅱ错误之间存在一种权衡关系，通常表示为α和β之间的权衡. 降低α可以减少犯类型Ⅰ错误的概率，但可能导致增加犯类型Ⅱ错误的概率. 相反，提高统计功效可以减少犯类型Ⅱ错误的概率，但可能会增加犯类型Ⅰ错误的概率. 这意味着在减少一种错误的同时，可能会增加另一种错误的概率. 因此，研究人员需要谨慎地选择适当的α和β水平，找到合适的权衡点，以满足研究目标和需求.

在实际研究中，选择适当的α和β水平是一个重要决策，因为它们直接影响到研究的统计能力和发现效应的可能性. 研究人员需要充分理解类型Ⅰ和类型Ⅱ错误的概念，同时考虑研究问题的重要性、研究设计、资源限制和科学目标，以做出明智的决策.

5.5 常见的假设检验方法

检验统计量是在假设检验中量化原假设合理性的统计量. 检验统计量的选择取决于问题的性质和假设的类型.

5.5.1 z 统计量检验方法

z 统计量检验方法适用于样本容量较大的情况，通常当样本容量（n）大于 30 时，可以应用中心极限定理，将样本均值的分布近似看作正态分布.

z 统计量检验方法要求总体标准差（σ）已知或者通过大样本近似已知. 如果总体标准差未知，通常会使用 t 统计量检验方法.

5.5.2 t 统计量检验方法

5.5.2.1 t 统计量的概念

t 统计量是一种适用于小样本情况的统计量，通常被用于比较两组样本均值是否存在显著差异. t 统计量的计算基于样本数据和总体参数的估计值，同时考虑样本容量和样本标准差.

5.5.2.2 小样本情况下的应用

t 统计量在小样本情况下的应用非常广泛，特别是在假设检验中，其中常见的应用包括：

（1）t 检验.

a.独立样本 t 检验：比较两个独立样本的均值是否有显著差异. 例如，研究两组学生在不同教学方法下的成绩是否有显著差异.

b.配对样本 t 检验：比较同一组样本在两种不同条件下的均值是否有显著差异. 例如，研究患者在治疗前后某生物标志物的变化是否显著.

（2）方差分析.

a.单因素方差分析：比较三个或更多组之间的均值是否有显著差异. 例如，研究不同药物剂量对患者疼痛缓解的影响.

b.双因素方差分析：同时考虑两个以上因素对均值的影响. 例如，研究不同药物剂量和不同性别对患者疼痛缓解的影响.

（3）回归分析.

a.简单线性回归：分析两个变量之间的线性关系，t 统计量可用于检验回归系数的显著性.

b.多元回归：分析多个自变量对因变量的影响，t 统计量可用于检验每个回归系数的显著性.

5.5.2.3 t 统计量的计算

t 统计量的计算步骤如下：

第一步，计算样本均值. 分别计算两组样本的均值，或在其他应用中计算相关统计量的均值.

第二步，计算样本标准差. 分别计算两组样本的标准差，或在其他应用中计算相关统计量的标准差.

第三步，计算自由度. 自由度是 t 分布中的参数，它取决于样本容量和假设检验的类型. 自由度用于确定 t 分布的形状.

第四步，计算 t 统计量. 使用样本均值、样本标准差和自由度计算 t 统计量的值.

第五步，比较 t 统计量和临界值. 将计算得到的 t 统计量的值与 t 分布表中对应的临界值进行比较，以判断是否拒绝原假设.

5.5.3 卡方统计量

卡方统计量被用于分析分类数据或检验变量的分布是否符合预期. 例如，卡方检验被用于检验观察频数与期望频数之间的差异.

5.5.3.1 卡方统计量的概念

卡方统计量是分析分类数据的统计工具. 通常被用于检验观察频数与期望频数之间的差异，以确定是否存在显著的关联或依赖关系. 卡方统计量基于卡方分布，是一种非负的、右偏的分布.

5.5.3.2 分类数据的应用

卡方统计量的应用如下.

（1）卡方检验.

a.卡方独立性检验：检验两个或多个分类变量之间是否存在关联或独立性. 例如，研究性别与喜好体育项目之间的关系.

b.卡方拟合度检验：检验观察频数与预期频数之间的差异，以确定数据是否符合特定的分布模型. 例如，检验某种遗传模型是否与实际观测一致.

（2）分类数据分析.

列联表分析：利用卡方统计量来研究不同分类变量之间的关系，构建列联表并进行分析. 例如，研究吸烟与患癌症之间的关联.

（3）频数分布分析.

频数分布检验：卡方统计量可被用于检验观察频数与期望频数之间的差异，以验证某一分布的拟合程度. 例如，检验实际投掷骰子的结果与均匀分布的拟合程度.

5.5.3.3 卡方统计量的计算

卡方统计量的计算步骤如下：

第一步，构建列联表. 针对所研究的分类变量，构建一个列联表，将不同组合的观察频数填入表格中.

第二步，计算期望频数. 基于假设或模型，计算出每个表格单元格的期望频数，这是在无关联情况下各组合的预期值.

第三步，计算卡方统计量. 利用观察频数和期望频数，计算出卡方统计量的值.

第四步，确定自由度. 卡方统计量的自由度取决于列联表的大小和研究的问题类型.

第五步，比较卡方统计量和临界值. 将计算得到的卡方统计量的值与卡方分布表中对应的临界值进行比较，以判断是否拒绝原假设.

5.5.4 F 统计量

F 统计量是一种用来比较两组或多组方差是否相等的统计工具. 例如，在方差分析中，使用 F 统计量来检验不同组别之间的方差是否显著不同.

5.5.4.1 方差比较的应用

F 统计量的应用如下.

（1）方差分析.

a.单因素方差分析：比较三个或更多组之间的均值是否存在显著差异. 例如，研究不同药物剂量对患者疼痛缓解的影响.

b.双因素方差分析：同时考虑两个以上因素对均值的影响. 例如，研究不同药物剂量和不同性别对患者疼痛缓解的影响.

（2）方差齐性检验.

方差齐性检验包括 Levene 检验和 Bartlett 检验：这些检验利用 F 统计量来检验不同组别之间的方差是否相等. 如果方差不相等，则可能需要采取适当的修正或非参数统计方法.

（3）回归分析.

多元回归：在多元回归中，F 统计量被用于检验模型中的回归系数是否显著不等于零.

（4）方差分布的拟合度.

拟合度检验：F 统计量被用于检验实际观测数据与某一特定方差分布（如正态分布）的拟合度.

5.5.4.2 F 统计量的计算

F 统计量的计算步骤如下：

第一步，计算组内平方和（SSW）. 分别计算每个组的观测值与该组均值的差的平方和，然后将这些平方和相加，得到组内平方和.

第二步，计算组间平方和（SSB）. 计算各组均值与总体均值的差的平方和，乘以各组的样本数量再相加，得到组间平方和.

第三步，计算 F 统计量. 用组间平方和除以组内平方和，得到 F 统计量的值.

第四步，确定自由度.

第五步，比较 F 统计量和临界值，将计算得到的 F 统计量的值与 F 分布表中对应的临界值进行比较，以判断是否拒绝原假设.

这些检验统计量的选择取决于所面临的问题和数据类型. 在假设检验中，通过计算检验统计量的值，并将其与显著性水平进行比较来做出是否拒绝原假设的决策.

第 6 章　非参数统计方法

6.1　非参数统计方法的概念和特点

6.1.1 非参数统计方法的概念

非参数统计就是对总体分布的具体形式不必做任何限制性假定和不以总体参数具体数值估计为目的的推断统计. 这种统计主要用于对某种判断或假设进行检验，适用于各种数据类型.

非参数统计方法并非绝对只能解决非参数问题，有些也可以解决典型的参数统计问题. 非参数统计方法不依赖总体的具体分布形式，构造的统计量常与具体分布无关，故又称自由分布方法. 非参数统计方法的性能对分布的实际形式如何并不敏感，即非参数统计方法常具有较好的稳健性.

非参数统计是统计学的一个重要分支，由于非参数统计方法与总体究竟是什么分布几乎没有什么关系，所以它的应用范围很广，在社会学、医学、生物学、心理学、教育学等领域都有广泛的应用.

6.1.2 非参数统计方法的特点

（1）无须数据分布假设.

与参数统计方法不同，非参数统计方法不要求数据服从特定的概率分布. 这使得非参数统计方法更加通用，适用于各种数据类型. 由于无须数据分布假设，非参数统计方法具有较大的灵活性. 在面对复杂和多样化的数据时表现出色.

（2）数据驱动.

非参数统计方法是由数据驱动的，这意味着它们利用样本数据本身的信息来进行统计推断，即直接使用观测数据进行分析. 因此，在处理实际数据时更加直观和自然，这有助于降低统计推断的复杂性.

（3）适用性广.

非参数统计方法的适用性非常广，适用于医学、金融、生态学、社会科学、工程等各个领域，被用来解决各种不同类型的数据分析问题. 利用非参数统计方法，可以处理连续型数据、离散型数据、有序型数据和无序型数据.

（4）鲁棒性.

鲁棒性是非参数统计的又一显著特点. 它指的是非参数统计方法对异常值或偏差数据的抵抗能力. 即使数据中存在异常值，利用非参数统计方法仍然能够提供相对稳健的统计推断. 在实际应用中，数据常常会受到测量误差或异常观测值的影响. 非参数统计方法的鲁棒性使得它们能够在这些情况下提供可靠的结果，而不会过于受异常值的干扰.

6.2 非参数统计方法的应用

6.2.1 医学与生物统计学

非参数统计方法在医学和生物统计学领域被广泛应用.

（1）临床试验中的治疗效果评估.

在临床试验中，医学研究人员经常使用非参数统计方法来评估不同治疗方法的效果，尤其是当样本容量较小或数据不满足正态分布假设时. 研究人员可以使用 Wilcoxon 秩和检验来比较同一组患者在不同治疗周期的得分，以确定治疗的效果是否显著.

（2）药物疗效评估.

药物疗效评估需要比较药物与安慰剂或标准疗法之间的差异，非参数统计方法可以处理不同治疗组之间的非正态数据.

研究人员可以使用 Mann-Whitney U 检验来比较两组患者（一个接受新药治疗，另一个接受安慰剂）的治疗效果，以确定新药是否显著优于安慰剂.

（3）流行病学数据分析.

在流行病学研究中，研究人员需要分析不同因素对疾病传播和流行的影响，非参数统计方法可以处理非线性和非正态数据.

研究人员可以使用 Kaplan-Meier 生存曲线和 Log-rank 检验来比较不同患者群体的生存时间，以了解潜在风险因素对生存率的影响.

（4）生物数据分析.

在生物学研究中，非参数统计方法可被用于分析基因表达数据、蛋白质质谱数据等，以寻找与疾病相关的生物标记物.

研究人员可以使用 Wilcoxon 秩和检验来比较两组患者的基因表达水平，以确定哪些基因在疾病发展中具有显著差异表达.

6.2.2 金融与经济学

非参数统计方法在金融与经济学领域的应用范围广泛，主要聚焦于对风险管理、资产定价、投资组合优化、风险建模和金融市场的分析.

（1）风险管理.

在金融领域，非参数统计方法被用于估计资产回报的风险，包括波动性、下行风险和风险价值（value at risk，VAR）等. 研究人员可以使用核密度估计方法估计资产回报的概率密度函数，以便计算 VAR，这有助于金融机构评估其投资组合的风险.

（2）资产定价.

非参数统计方法还被用于评估资产的收益率分布，帮助投资者更好地理解资产的定价和预期回报. 使用非参数统计方法（如核密度估计）来分析股票或债券的收益率分布，以确定资产的风险和预期回报，有助于做出有效的投资决策.

（3）优化投资组合.

非参数统计方法可以帮助投资者构建优化的投资组合，同时考虑多个资产的非线性关系和不确定性. 利用非参数统计方法来分析资产之间的协整关系，以优化投资组合配置，从而实现风险分散和收益最大化.

（4）风险建模.

非参数统计方法可被用来建立复杂的风险模型，包括对金融市场中的波动性和涨跌幅的建模. 研究人员可以使用自回归条件异方差（ARCH）模型等非参数统计方法来捕捉金融市场中的波动性模式，以预测未来的风险.

6.2.3 环境科学

非参数统计方法在环境科学中的应用涵盖了多个领域，包括环境监测、生态学、气象学，以及土壤和水资源管理.

（1）空气质量监测.

非参数统计方法被用于分析大气中的污染物浓度数据，有助于评估空气质量，监测污染水平. 研究人员可以使用非参数统计方法来计算和比较不同城市的空气质量指数，以确定污染程度，并采取必要的措施.

（2）水质分析.

在水资源管理和保护中，非参数统计方法被用于分析水质数据，检测水体中的污染和变化. 研究人员可以使用非参数统计方法来估计河流或湖泊中不同污染物的浓度分布，并监测水质的季节性和空间变化.

（3）土壤污染评估.

非参数统计方法可用于评估土壤中的污染程度，识别有害物质的分布. 研究人员可以使用非参数统计方法来分析土壤样本中重金属或有机化合物的浓度分布，以确定是否需要采取清理行动.

（4）生态学研究.

在生态学领域，非参数统计方法可用于分析物种多样性、生态系统结构和生态过程. 研究人员可以使用非参数统计方法来评估野生动植物物种多样性的空间分布，以支持生态保护和管理决策.

（5）气象学.

非参数统计方法可用于分析气象数据，包括降水、温度、风速等. 研究人员可以使用非参数统计方法来识别气象变量之间的关联关系，如温度与降水之间的关系，以帮助气象预测和气候研究.

6.2.4 社会科学

非参数统计方法在社会科学领域的应用涵盖了心理学研究、教育研究和社会调查等多个领域.

（1）心理学研究.

在心理学研究中，非参数统计方法被用来分析心理测验数据、行为观察数据和试验数据，以研究心理现象和行为特征. 研究人员可以使用非参数统计方法来比较不同心理治疗方法的效果，分析焦虑水平的分布，以及评估认知任务的完成时间.

（2）教育研究.

在教育领域中，非参数统计方法被用于评估教育干预措施、学生成绩数据和学习成果. 研究人员可以使用非参数统计方法来比较不同教育课程对学生成绩的影响，分析学生的学习行为模式，以及评估教育政策的效果.

（3）社会调查和民意调查.

社会科学家使用非参数统计方法来分析社会调查数据，包括问卷调查数据、选民调查数据和民意调查数据. 研究人员可以使用非参数统计方法来检验选民对不同政治候选人的支持是否存在差异，分析社会调查中关于社会问题的观点分布，以及研究不同人群对政策变化的态度.

（4）人文科学研究.

在人文科学领域，非参数统计方法被用来分析文学作品、历史事件和文化研究中的定性数据. 研究人员可以使用非参数统计方法来比较不同文学作品中主题的频率，分析历史事件的持续时间分布，以及研究不同文化之间的语言差异.

6.2.5 工程与质量控制

非参数统计方法在工程与质量控制领域的应用旨在保证产品质量、改进生产过程并检测异常情况.

（1）控制产品质量.

非参数统计方法可被用于监测产品质量、检测缺陷，以及评估产品规格的符合程度. 研究人员可以使用非参数统计方法来分析产品尺寸的分布，检测产品生产过程中的缺陷，以及评估产品的可靠性和耐用性.

（2）改进生产过程.

工程师可以利用非参数统计方法来改进生产过程，降低变异性，提高效率，并降低成本. 工程师可以使用非参数统计方法识别生产过程中的关键因素，优化工艺参数，以及减少产品制造中的资源浪费.

（3）进行异常检测和故障分析.

非参数统计方法可被用于检测生产过程中的异常情况和设备故障. 研究人员可以使用非参数统计方法来分析设备传感器数据，检测设备运行状态的异常，以及识别可能导致故障的因素.

（4）样本容量较小或数据不服从正态分布的情况.

在一些情况下，资源限制或数据的特性会导致样本容量较小或数据不服从正态分布. 研究人员可以使用非参数统计方法分析小批量生产数据，处理不服从正态分布的质量指标，以及优化工程试验设计.

6.2.6 计算机科学

在计算机科学领域，非参数统计方法在机器学习和数据挖掘中扮演着关键角色，被用来处理各种类型的数据，解决多样化的任务.

（1）模式识别.

非参数统计方法可被用于识别数据中的模式、结构和规律性，尤其在图像和信号处理中被广泛应用. 研究人员可以使用非参数统计方法来检测数字图像中的边缘、纹理和形状，还可以使用非参数统计方法从音频信号中提取声音特征.

（2）分类与聚类.

非参数统计方法被用来将数据点分组到不同的类别（分类）或发现数据中的自然聚类. 研究人员可以使用非参数统计方法来构建分类器，按不同的主题或情感对文本数据分类，以及执行无监督聚类，如 K 均值聚类，以将相似数据点分组.

（3）特征选择.

特征选择指的是在高维数据集中识别最相关特征的任务，非参数统计方法有助于确定哪些特征对任务最重要. 研究人员可以使用非参数统计方法来评估特征的信息增益、相关性或互信息，以选择在分类或回归任务中最具有预测性的特征.

（4）时间序列分析.

时间序列数据包括金融市场数据、气象数据、生态学数据等，非参数统计方法可被用于分析和预测时间序列中的趋势和模式. 研究人员可以使用非参数统计方法来分析股票价格的波动、预测气象变化，以及检测生态学数据中的季节性模式.

（5）自然语言处理.

在文本挖掘和自然语言处理中，非参数统计方法被用于词汇分析、情感分析、主题建模等任务. 研究人员可以使用非参数统计方法来识别文本数据中的关键词、情感极性，以及从大规模文本语料库中提取主题.

6.3 排序统计量

排序统计量是一类基于数据排序的统计量，它们在非参数统计中起着重要的作用. 排序统计量的基本思想是将观测值按大小排序，然后使用排序后的顺序或排名来构建统计量，而不考虑具体数值. 排序统计量的引入和应用可以分为两个部分：一是单样本排序统计量，二是双样本排序统计量.

6.3.1 单样本排序统计量

单样本排序统计量是基于单个样本数据的排序构建的统计量. 以下是几种常见的单样本排序统计量及其应用.

6.3.1.1 秩和统计量（Wilcoxon 符号秩和检验）

（1）概念.

秩和统计量是一种非参数统计检验方法，通常用于以下两种情况：

a.比较一个样本的中位数是否等于某个特定值；

b.比较两组相关样本之间的差异.

该统计量的核心思想是将样本中的正差值（观测值与零假设的差值）的绝对值按大小排列，并计算这些绝对值的秩次之和. 秩和统计量不关心具体数值，只关注数据的相对大小.

（2）应用.

a.检验一个样本的中位数是否等于某个特定值.

假设有一个单一样本，想要确定它的中位数是否等于某个假设值（通常为零）. 步骤如下：

第一步，将样本中的每个观测值与假设值之差计算出来；

第二步，按大小对这些差值的绝对值进行排序，并为它们分配秩次；

第三步，计算正差值的秩和统计量（通常以 W 表示，下同）；

第四步，通过比较 W 与临界值（从 Wilcoxon 秩和表中获取，下同）来进行假设检验. 如果 W 大于临界值，则拒绝零假设，否则不拒绝零假设.

b.比较两组相关样本之间的差异.

假设在不同时间点对同一组对象进行测量（两组相关样本），想要确定它们之间是否存在显著差异. 步骤如下：

第一步，计算两组样本之间的差值（通常是第二组减去第一组）；

第二步，按大小对这些差值的绝对值进行排序，并为它们分配秩次；

第三步，计算正差值的秩和统计量；

第四步，通过比较 W 与临界值来进行假设检验，如果 W 大于临界值，则拒绝零假设，否则不拒绝零假设.

秩和统计量特别适用于小样本或数据分布偏离正态分布的情况. 它提供了一种有效的方式来进行假设检验，而无须对数据分布进行具体假设.

6.3.1.2 秩和检验（Mann-Whitney U 检验）

（1）概念.

秩和检验又称为 Mann-Whitney U 检验，是一种非参数统计检验方法，用于比较两个独立样本之间的差异. 它的核心思想是将两个样本合并并按大小排列后，计算其中一个样本的秩和. 这个统计检验方法不关心具体数值，而是依赖于数据的相对大小，因此适用于不满足正态分布假设的情况.

（2）应用.

当研究人员想要确定两个独立样本是否来自同一总体分布，但不能满足正态分布假设时，可以利用秩和检验. 应用步骤如下：

第一步，收集两组独立样本的数据；

第二步，将两组样本合并，并为每个观测值分配秩次，无论它们来自哪一组；

第三步，计算两组样本的秩和统计量 U（通常称为 Mann-Whitney U 统计量）；

第四步，通过比较 U 与临界值（从 Mann-Whitney U 检验表中获取）来进行假设检验. 如果 U 大于临界值，则拒绝零假设，否则不拒绝零假设.

秩和检验的优点在于它对数据的分布没有特定假设，因此适用性广. 它也对异常值不敏感，适用于小样本和大样本情况. 但需要注意，秩和检验对检测效应的统计功效较低，因此在一些情况下可能需要更大的样本容量以获得显著性结果.

6.3.1.3 符号检验

（1）概念.

符号检验是一种非参数统计检验方法，用于比较样本中的正差值和负差值的数量，而不关心具体数值. 它基于数据的符号（正号或负号）进行分析，适用于小样本或不满足正态分布假设的情况. 符号检验通常被用于检验一个样本的中位数是否等于某个特定值.

（2）应用.

当研究人员想要检验一个样本的中位数是否等于某个特定值（通常是一个预先设定

的值），符号检验是一种合适的方法. 例如，你可能想知道一款产品的中位数是否等于某个标准值，以评估产品的质量. 应用步骤如下：

第一步，收集一个小样本的数据；

第二步，计算样本中的差值，即观测值与特定值之间的差异；

第三步，为每个差值赋予一个符号，如果差值为正，则记为“+”，如果差值为负，则记为“−”，如果差值为零，则可以忽略；

第四步，统计样本中“+”和“−”的数量；

第五步，使用二项分布或正态近似进行假设检验，以确定差值的符号是否显著偏离了随机情况. 根据显著性水平和样本大小，计算检验的 p 值.

符号检验的优点在于它不依赖于数据的具体数值，而是专注于数据的符号，因此对于不满足正态分布假设或包含异常值的数据集非常有用. 然而，它对于样本容量较小的情况的统计功效可能较低，因此在选择检验方法时需要权衡样本容量和统计功效.

6.3.2 双样本排序统计量

双样本排序统计量是基于两个样本数据的排序构建的统计量，它们被用于比较两组数据之间的差异.

6.3.2.1 秩和差统计量（Wilcoxon 秩和差检验）

秩和差统计量基于两组配对样本的差异值的秩次构建，而不关心具体数值. 这个检验方法适用于小样本或不满足正态分布假设的情况.

当需要确定两组相关的样本是否在某一方面存在显著差异时，可以选用秩和差统计量. 例如，在医学研究中，可以使用秩和差统计量来比较患者在治疗前后的医学指标是否有显著变化. 应用步骤如下：

第一步，收集两组配对样本的数据，其中每组数据代表相同的个体或试验单元在不同条件下的观测情况；

第二步，计算每组数据的差值，即第一组样本中的观测值减去对应的第二组样本中的观测值；

第三步，按绝对值大小对所有差值进行排序，并为每个差值分配一个秩次；

第四步，计算秩和差统计量，通常是正秩和减去负秩和，或者是较小的一个减去较大的一个；

第五步，使用秩和差统计量的分布（通常是正态近似）进行假设检验，以确定两组样本的差异是否显著.

6.3.2.2 秩和差符号检验

秩和差符号检验是一种被用于比较两组配对样本中的正差值和负差值的数量的非参数统计方法. 与秩和差统计量不同，它不考虑秩次，而是专注于符号（正号或负号）. 当需要确定两组相关的样本是否在某一方面存在显著差异时，可选用秩和差符号检验. 应用步骤如下：

第一步，收集两组配对样本的数据，其中每组数据代表相同的个体或试验单元在不同条件下的观测情况；

第二步，计算每组数据的差值，即第一组样本中的观测值减去对应的第二组样本中的观测值；

第三步，为每个差值赋予一个符号，如果差值为正，则记为“+”，如果差值为负，则记为“－”，如果差值为零，则可以忽略；

第四步，统计样本中“+”和“－”的数量；

第五步，使用二项分布或正态近似进行假设检验，以确定差值的符号是否显著偏离了随机情况.

6.3.2.3 秩相关系数

秩相关系数是一种测量两个变量之间的非线性关系的统计方法. 它基于变量的秩次而不是具体数值，因此对于不满足线性关系或正态分布假设的数据非常有用. 当需要确定两个变量是否存在某种相关性或趋势时，可以选用秩相关系数方法. 它不要求变量之间呈线性关系，因此它对于非线性关系的分析很有用.

第一步，收集两个变量的数据，通常是成对的观测值；

第二步，按数值大小对每个变量的数据进行排序，并为每个数值分配一个秩次，计算秩次的差值，然后计算这些差值的秩和差值；

第三步，使用秩相关系数的公式计算相关性，通常是根据 Spearman 公式计算；

第四步，进行假设检验，以确定两个变量之间的相关性是否显著.

6.4 Wilcoxon 符号秩检验

6.4.1 Wilcoxon 符号秩检验的基本原理

Wilcoxon 符号秩检验，也称为 Wilcoxon 符号秩和检验，是一种非参数统计方法，被用于比较两个相关样本或成对样本之间的差异.

（1）收集数据.

Wilcoxon符号秩检验首先需要收集两组相关样本的数据. 这两组样本通常代表了同一组实体、个体或条件在不同时间点或处理条件下的测量结果. 这个步骤是建立比较的基础，确保在统计分析中有足够的数据来进行比较.

（2）计算差值.

计算每一对观测值的差值，将两组样本之间的差异转化为数值，以便进行后续的比较. 差值的计算方式通常是第一组样本减去第二组样本，因此正差值表示第一组样本的值大于第二组样本，而负差值表示第一组样本的值小于第二组样本.

（3）计算差值的绝对值.

对每个差值取绝对值，得到一组非负数的绝对差值. 这个步骤消除了差值的方向性，因此可以关注样本之间的绝对差异，而不受其方向的影响.

（4）为绝对差值分配秩次.

按照大小对绝对差值进行排序，并为每个绝对差值分配一个秩次. 秩次的分配可以采用各种方法，包括最小秩法和平均秩法. 如果有绝对差值相同的情况，可以分配它们的平均秩次，以保持公平性.

（5）计算秩和.

在这一步骤中，计算正秩和、负秩和，正秩和是秩次对应于正差值的总和，负秩和是秩次对应于负差值的总和. 正差值表示第一组样本大于第二组样本，而负差值表示第一组样本小于第二组样本. 正秩和、负秩和提供了对两组样本之间的总体差异方向的信息.

（6）比较秩和.

Wilcoxon 符号秩检验的检验统计量通常是正秩和与负秩和之间的较小值. 这个统计量被用于比较两组样本的差异. 如果检验统计量的值远离零，表明两组样本之间的差异在统计上是显著的. 如果检验统计量的值接近零，表明没有足够的证据支持两组样本在总体中位数上存在显著差异.

（7）进行假设检验.

在进行假设检验时，通常采用零假设和备择假设的设定. 零假设表示两组样本没有中位数差异，而备择假设表示两组样本存在中位数差异. 通过检验统计量和样本容量，可以计算出一个 p 值，用于确定是否拒绝零假设. 如果 p 值小于显著性水平，则可以拒绝零假设，认为两组样本在中位数上存在显著差异. 否则，不拒绝零假设，认为没有足够的证据支持中位数差异的存在.

6.4.2 Wilcoxon 秩和检验的应用

6.4.2.1 比较两组相关样本的差异

第一，Wilcoxon 符号秩检验是一种非参数统计方法，通常被用于比较两组相关样本的差异，特别是当数据不满足正态分布假设或者样本较小的情况下. 这种方法的主要目的是确定这两组相关样本的中位数是否存在显著差异. 在进行 Wilcoxon 符号秩检验之前，需要收集这两组相关样本的数据，并明确零假设和备择假设.

第二，零假设通常表明两组相关样本的中位数之间不存在显著差异，即中位数差异等于零. 备择假设则表明两组相关样本的中位数之间存在显著差异，即中位数差异不等于零.

第三，根据收集到的相关样本数据，需要计算每一对观测值的差值. 这些差值表示每个样本对应的相关性. 这一步是为了确定每对样本的差异，以便后续的分析.

第四，对每个差值取绝对值，得到一组非负数的绝对差值. 这些绝对差值表示每对相关样本之间的差异的大小，而不考虑差异的方向.

第五，具体来说，需要按照大小对绝对差值进行排序，并为每个绝对差值分配一个秩次. 如果出现相同的绝对差值，则可以分配它们的平均秩次. 这一步是为了建立秩次数据集，以便后续的计算.

第六，计算正秩和、负秩和，正差值表示一组样本的值大于另一组，而负差值则表示相反情况. 这一步是为了获得正差值总和和负差值总和，以计算检验统计量.

第七，利用正秩和与负秩和之间的较小值来计算检验统计量. 这个检验统计量通常被用于进行假设检验，以确定是否拒绝零假设. 根据检验统计量的分布，可以计算出相应的 p 值，以确定在给定的显著性水平下是否拒绝零假设.

6.4.2.2 配对设计的研究

配对设计的研究是一种常用的试验或研究方法，它在许多科学领域中都有广泛的应用. 这种方法的核心特点是通过在同一组受试者、对象或单位上进行前后测试、两种不同的治疗方法比较或不同条件下的测量，来研究特定的效应、差异或变化.

（1）配对设计的基本原理.

第一，研究人员需要明确研究的问题和目标，确定要比较的两个条件、治疗方法或不同条件下的测量，并明确研究的目的是什么.

第二，在配对设计中，选择合适的受试者、对象或单位. 这些受试者将接受两种不同的处理或条件，因此他们的选择应考虑到可能的相关性和相似性.

第三，每个受试者或对象都将接受两次测量或处理. 这可以包括前、后测试，即在不同时间点对同一组受试者进行测量，或者两种不同的治疗方法的应用，或者在不同条件下的测量. 这确保了每个受试者或对象都是自身的对照组.

第四，在每次测量或处理后，研究人员需要收集相关的数据. 这些数据通常包括受试者或对象在不同条件下的测量结果或表现.

第五，配对设计的研究需要进行适当的数据分析，以比较前、后测试、不同治疗方法或不同条件下的测量结果. 这涉及统计分析、假设检验或非参数统计方法，选择哪种方法具体取决于数据的性质和研究问题.

第六，研究人员需要解释分析结果，并根据研究的目标得出结论，回答是否存在显著的效应、差异或变化，并将结果与研究问题联系起来.

（2）配对设计的应用领域.

配对设计的研究方法在各个领域都有广泛应用.

a.医学和临床研究.

医学领域常常使用配对设计来比较患者治疗前和治疗后的生理指标、疾病症状或药物疗效. 例如，一种药物的治疗效果可以通过比较患者治疗前和治疗后的测量结果来评估.

b.心理学研究.

在心理学研究中，可以使用配对设计来研究不同干预措施对个体情感状态、认知能力或行为的影响. 例如，一种心理治疗方法的有效性可以通过前、后测试来评估.

c.教育研究.

在教育研究中，配对设计可以用来比较不同教育方法或教育政策对学生学术成绩或行为的影响. 研究人员可以利用同一组学生进行前、后测试，以评估教育干预的效果.

d.药物研发.

在药物研发中，配对设计可以用于评估新药物的安全性和疗效. 研究人员可以对患者进行前、后测试，以确定新药物使用组与对照组的差异.

e.工程和制造.

在工程和制造领域，配对设计可以用于比较不同工艺或制造条件对产品质量或性能的影响. 这有助于改进产品设计和生产流程.

6.4.2.3 生物医学研究

生物医学研究是一个重要的领域，涵盖了各种疾病的治疗、疫苗开发、基因疗法、新药研发，以及临床诊断等多个方面. 在这个领域中，研究人员常常需要评估患者的生物标志物或疾病指标在治疗前后的变化. Wilcoxon 符号秩检验在这一过程中起到了至关重要的作用.

（1）应用背景.

在生物医学研究中，通常需要评估一种治疗、药物、疫苗或其他医疗干预措施对患者健康状况的影响. 这种评估可以通过测量生物标志物（如血液中的生化指标、基因表达水平、蛋白质水平等）或者疾病指标（如病情严重程度、肿瘤大小、生存时间等）的变化来实现. 比较治疗前后的数据有助于确定治疗是否有效.

（2）Wilcoxon 符号秩检验的应用.

a.药物疗效评估.

在药物研发中，研究人员需要评估新药对患者的治疗效果，可以使用 Wilcoxon 检验比较患者在接受新药治疗前和治疗后的生物标志物水平，以确定两者是否存在显著的差异. 例如，药物可能会显著降低患者的血压或者改善炎症指标.

b.临床试验.

在临床试验中,研究人员经常进行治疗前后的比较,以评估新治疗方法的有效性. 利用 Wilcoxon 检验，可以分析患者在治疗前和治疗后的变化，比较治疗组和对照组之间的差异. 这有助于确定新治疗方法是否能够显著提高患者的生活质量或延长其生存时间.

c.基因疗法.

基因疗法是一种治疗方法，通过操纵患者的基因来治疗疾病. 研究人员可以使用 Wilcoxon 检验来比较患者接受基因疗法前后的基因表达水平，以评估治疗的有效性. 这有助于确定基因疗法是否能够显著改善患者的病情.

6.5 秩相关系数

6.5.1 秩相关系数的定义和计算

Spearman 秩相关系数是一种用于测量两个变量之间的非线性关系的统计指标. 它的计算过程如下：

（1）数据收集.

收集两个变量的数据，这两个变量通常是成对的观测值. 一个变量被定义为自变量（通常记作 X），而另一个变量被定义为因变量（通常记作 Y）.

（2）对数据进行秩次转换.

对 X 和 Y 的取值进行排序，并为每个值分配秩次. 秩次通常从 1 开始，按照数值的大小递增. 如果有多个相同的取值，可以为它们分配平均秩次.

（3）计算差值.

对于每一对观测值，计算 X 的秩次与 Y 的秩次之差，得到差值 D（$D=RX-RY$），

其中 RX 表示 X 的秩次，RY 表示 Y 的秩次.

（4）计算差值的平方.

对每个差值 D 进行平方运算，得到 D^2. 这一步骤旨在消除差值的正负号，将其转化为非负数值.

（5）计算 Spearman 秩相关系数.

计算 Spearman 秩相关系数（通常记作ρ）的值. 它的计算方法是使用差值的平方 D^2 来计算相关性，计算公式为

$$\rho=1-\frac{6\sum D^2}{n(n^2-1)} \tag{6-1}$$

其中，n 表示样本的大小；$\sum$表示对所有差值的平方求和.

Spearman 秩相关系数的范围在−1 到 1 之间. 当ρ等于 1 时，表示完全的正相关关系；当ρ等于−1 时，表示完全的负相关关系；当ρ等于 0 时，表示无相关关系. 这一系数不依赖于数据的具体分布，因此适用于各种类型的数据和非线性关系的探索.

总之，Spearman 秩相关系数通过将数据转化为秩次并比较秩次之间的关系，提供了一种用于测量非线性关系的方法，对于数据分析和研究中非参数和非正态数据的关联性分析非常有用.

6.5.2 秩相关系数的应用

6.5.2.1 数据关联性分析

Spearman 秩相关系数在数据关联性分析中的应用非常广泛，它适用于许多领域和不同类型的数据，尤其在以下情况下具有重要价值.

（1）医学研究.

在医学研究中，研究人员经常需要分析不同变量之间的关系，例如，药物剂量与患者病情的关联、生活方式因素与健康指标的关系等. 由于医学数据往往具有非线性关系，Spearman 秩相关系数成为评估这些关系的首选方法之一. 可以利用它来探讨各种医学因素之间的相互影响，更好地理解疾病的发病机制和治疗效果.

（2）金融领域.

在金融领域，不同金融资产的价格波动和变化通常不是线性的，而是受到多种因素

影响的. Spearman 秩相关系数被广泛用于评估不同资产之间的相关性，以帮助投资者和金融专业人士更好地理解资本市场的动态. 例如，研究人员可以使用 Spearman 秩相关系数来分析股票价格、利率与市场指数之间的关联，以制定投资策略和风险管理决策.

（3）生态学和环境研究.

在生态学领域，研究人员经常需要了解生态系统中不同因素之间的相互作用，例如，物种多样性与环境因素之间的关系、生态系统功能与气候变化的关联等. 可以利用 Spearman 秩相关系数分析这些复杂关系，更好地理解生态系统的稳定性和脆弱性. 这对于生态保护和可持续发展至关重要.

6.5.2.2 排名数据的分析

排名数据的分析在各个领域中都具有重要意义. 这种类型的数据通常涉及将一组项目或观测按照某种特定标准进行排名. 在排名数据的分析中，Spearman 秩相关系数是一种强大的工具，被用于评估这些排名之间的相关性.

（1）体育竞技和比赛分析.

在体育竞技中，对运动员、球队或参赛者的表现进行排名是常见的. 可用 Spearman 秩相关系数分析不同运动员或球队在不同比赛中的排名，以确定运动员或球队表现之间是否存在相关性. 例如，研究人员可以使用秩相关系数来确定两个运动员的排名是否在一系列比赛中具有一致性，或者排名是否与其他因素（如年龄、体重和经验等）相关.

（2）市场研究和消费者行为.

在市场研究中，Spearman 秩相关系数被用于分析不同产品的特征、价格水平或广告活动与消费者排名之间的关系. 这有助于企业了解市场需求、消费者偏好和产品竞争力.

（3）教育评估和学生表现.

在教育领域，学生的学习成绩和排名常常被用于评估其学业表现. 可以利用 Spearman 秩相关系数分析学生在不同学科或考试中的排名是否存在相关性，以确定哪些学科或能力领域需要额外的关注和改进.

6.5.2.3 生态学和环境研究

第一，Spearman 秩相关系数被用于分析物种多样性和环境因素之间的关系. 生态学研究通常涉及不同生物物种的存在和相互作用，以及它们与环境之间的关系. Spearman 秩相关系数可以用来测量不同物种的多样性（物种丰富度、多样性指数等）与环境因素之间是否存在相关性. 例如，研究人员可以使用该系数来分析温度和物种多样性之间的关联，以确定温度变化如何影响生态系统中的物种组成.

第二，Spearman 秩相关系数被用来评估环境因素对生态系统结构和功能的影响. 环境因素（如气温、湿度、降水量等）可以对生态系统的结构和功能产生重大影响.可用 Spearman 秩相关系数分析这些环境因素与生态系统指标之间的相关性，如植被覆盖率、生物量、生态多样性等. 通过分析，研究人员可以更好地理解环境变化对生态系统的影响，从而更好地进行生态保护和管理.

第三，Spearman 秩相关系数被用来研究生态数据中的非线性关系. 生态数据通常包含复杂的非线性关系，例如，物种多样性与资源利用之间的非线性关系. Spearman 秩相关系数不仅适用于线性关系，还适用于非线性关系. 因此，它对于研究生态系统中的复杂生态学问题非常有价值.

第四，Spearman 秩相关系数被用来揭示生态系统的稳定性和脆弱性. 生态系统的稳定性和脆弱性与生物多样性和环境因素密切相关. 研究人员可以利用 Spearman 秩相关系数来评估不同生态系统的稳定性与生物多样性之间的关联，以及环境变化对生态系统脆弱性的影响. 这有助于提前预测生态系统的响应和恢复能力，以制定更有效的生态保护策略.

6.5.2.4 心理学和社会科学

第一，评估心理测验数据的信度和效度. 在心理学研究中，心理测验通常被用来评估各种心理特征，如智力、人格、情感等. 为了确定测验的质量，研究人员需要评估其信度（测量工具的稳定性和一致性）和效度（测量工具是否测量所期望的心理特征）. Spearman 秩相关系数可被用于分析同一测验在不同时间点或不同情境下的得分之间的关系，以评估其信度. 此外，还可以用它来研究测验得分与其他相关变量之间的关联，以评估测验的效度.

第二，分析问卷调查数据中的问题之间的关联. 在社会科学研究中，问卷调查是一种常见的数据收集方法. Spearman 秩相关系数被用于评估问卷调查中各个问题之间的相关性. 例如，研究人员可以使用该系数来确定问卷中的两个问题是否相关，以便更好地理解受访者的观点和态度.

第三，研究社会行为数据中的因果关系. 在社会科学研究中，研究人员通常关注不同变量之间的因果关系. Spearman 秩相关系数被用来研究两个或多个变量之间的关系，尤其是当数据不满足线性相关性的要求时. 虽然该系数本身不能确定因果关系，但它可以帮助研究人员发现变量之间的潜在关系，引导后续的试验设计或分析.

6.6 核密度估计

6.6.1 核密度估计的基本思想与方法

核密度估计是一种被用于估计随机变量概率密度函数的非参数统计方法. 它的基本思想是通过在每个数据点周围放置一定形状的核函数，并将它们叠加起来估计数据的概率密度分布. 这种方法不依赖于对数据分布的先验假设，因此适用于各种类型的数据分布，包括正态分布和非正态分布.

6.6.1.1 选择核函数

核密度估计的第一步是选择一个核函数. 核函数是一个非负的概率密度函数，通常是钟形曲线，在每个数据点周围创建概率分布. 常见的核函数有以下几种：

a.高斯核函数（正态分布）：具有钟形曲线，形状类似于正态分布曲线.

b.Epanechnikov 核函数：同样具有钟形曲线，但具有有限的支持范围，通常在$|u|\leqslant 1$时取非零值.

c.矩形核函数：简单的矩形形状，在[−1，1]内的取值为 1，其他地方为 0.

核函数的选择会影响估计的平滑度和准确性，高斯核函数是最常用的选择.

6.6.1.2 在每个数据点周围放置核函数

在核密度估计中，核函数通常是一个钟形曲线，如高斯核函数或 Epanechnikov 核函数. 这些核函数是非负的概率密度函数，通常在原点附近有最高值，然后逐渐减小，类似于正态分布的形状.

对于数据集中的每个数据点，核密度估计方法会以该数据点为中心，将所选的核函数放置在该位置. 这意味着每个数据点都会作为核函数的中心，然后核函数的形状将被赋予该中心点. 这个过程将在数据集中的每个数据点处都进行一次，以创建一个类似于核函数形状的概率分布.

在这一过程中，每个数据点都被赋予一个核函数的副本，这个副本在数据点周围创建一个以该数据点为中心的概率分布. 这个概率分布表示该数据点的潜在贡献，即它对估计的概率密度分布的形状和高度的影响.

将所有以不同数据点为中心的核函数的副本叠加在一起，形成最终的核密度估计曲线. 这个叠加过程会考虑到每个数据点的贡献，因此估计结果会更加平滑，并反映整个数据集的概率密度分布. 最终的核密度估计曲线被用于可视化和分析数据的分布特性.

6.6.1.3 叠加核函数

核密度估计的基本思想是通过在每个数据点周围放置核函数的副本来估计整个数据集的概率密度分布. 在核密度估计中，核函数通常是一个钟形曲线，如高斯核函数或 Epanechnikov 核函数. 这些核函数是非负的概率密度函数，通常在原点附近有最高值，然后逐渐减小，类似正态分布的形状. 因此，核函数的形状和宽度对最终的估计结果有重要影响.

对于每个数据点，将所选的核函数以该点为中心放置. 这意味着每个数据点都有一个核函数的副本，这个副本的形状是由所选的核函数决定的. 核函数的中心就是数据点的位置，而核函数的形状将在该位置周围创建一个概率分布.

当所有核函数的副本都放置在各自的数据点周围后，它们将被叠加在一起以形成核密度估计曲线. 这个叠加过程考虑了每个数据点的贡献，因此在形成最终的估计曲线时，具有更高权重的核函数将在估计中起到更重要的作用. 这个过程的结果是一个平滑的概率密度估计曲线，描述了整个数据集的数据分布.

需要注意的是，在叠加核函数的过程中，核函数的宽度（带宽）也会影响估计的平滑度. 较大的带宽将使估计曲线更平滑，但可能会损失对数据分布细节的敏感性，而较小的带宽可能会使估计曲线更尖锐，更容易受到噪声的影响. 因此，在实际应用中，需要谨慎选择带宽，通常通过交叉验证等方法来确定.

6.6.1.4 规范化

核密度估计是一种非参数统计方法，旨在估计随机变量的概率密度函数. 这个概率密度函数被用于描述数据的分布特性，因此必须满足概率密度函数的基本性质，其中之一是总面积等于1.这意味着在整个数据空间内，概率密度函数的积分或总和必须等于1，因为概率的总和始终等于1.

在核密度估计中，核函数是在每个数据点周围放置的，这些核函数的形状和带宽决定了它们在数据空间内的分布. 核函数的中心通常与数据点的位置对应，带宽控制了核函数的宽度. 核密度估计的主要思想是通过叠加这些核函数来估计整个数据集的概率密度函数.

叠加核函数后，得到的估计曲线上的每个点都具有一个数值，表示在该点的估计概率密度值. 这些值的和通常不会等于1，因为它们只考虑了各个核函数的贡献. 为了确保概率密度函数的总面积等于1，必须进行规范化.

规范化的过程涉及将核密度估计曲线上的每个点的值除以总数据点数和带宽的乘积. 这个乘积通常表示为nh，其中n是数据点的总数，h是带宽. 这样，规范化后的概率密度函数满足总面积为1的条件，可以被视为合法的概率密度函数.

需要强调的是，带宽的选择对规范化过程有影响，选择适当的带宽对于得到准确的核密度估计至关重要，通常需要使用交叉验证等方法来确定最佳带宽.

6.6.1.5 带宽选择

带宽是核密度估计中的一个关键参数，它决定了核函数的宽度，进而影响估计的平滑度和波动性. 带宽的选择是核密度估计过程中的一个重要环节，它决定了最终估计的概率密度函数的特性.

最简单的带宽选择方法是固定带宽. 在这种情况下，研究人员需要手动指定一个带宽值作为参数. 固定带宽适用于对数据有较强的先验了解的情况，研究人员可以根据他们对数据分布的了解来选择合适的带宽. 然而，这种方法容易受主观因素影响，如果带宽选择不当，可能导致估计结果不准确.

核密度估计（kernel density estimation，KDE）法是一种更常用、更精确的带宽选择方法. KDE方法通常基于极大似然估计或交叉验证等统计技术来选择最优带宽. 极大似然估计法试图最大化似然函数，以找到使数据样本出现的可能性最大的带宽值. 交叉验证法将数据分为训练集和验证集，通过最小化验证集上的估计误差来选择最佳带宽. 这些方法在不需要先验知识的情况下，可以自动选择适当的带宽，并提供相对准确的核密度估计.

还有一种带宽选择方法是自适应带宽方法. 在这种方法中，带宽根据数据的局部密度变化而自动调整. 通常，数据密度较高的区域将使用较窄的带宽，而数据密度较低的区域将使用较宽的带宽. 这种方法适用于数据分布不均匀或包含多个峰值的情况，可以更好地捕捉数据的局部特征.

6.6.1.6 可视化和分析

可视化在核密度估计中具有重要的作用. 核密度估计的结果通常以密度曲线图的形式呈现，这些图形可以直观地展示数据的概率密度分布情况. 通过可视化，研究人员和数据分析师能够更容易地理解数据的特点、趋势和结构，从而提取有价值的信息.

密度曲线图是一种平滑的曲线，它在不同数据点处的高度表示了概率密度的估计值. 通常，密度曲线图的横轴表示变量的取值范围，纵轴表示概率密度估计值. 通过图形可以比较不同数据集的分布，检测数据的模式和趋势，以及识别潜在的异常值.

核密度估计的可视化也有助于探索数据的多峰性. 当数据包含多个峰值或模态时，密度曲线图能够清晰地显示出这些峰值的位置和相对强度. 这对于理解数据的复杂结构很重要.

6.6.2 核密度估计的应用

6.6.2.1 数据探索与可视化

数据探索与可视化是数据分析的初步阶段，旨在深入了解数据的特征和结构. KDE 是一种强大的工具，将数据的概率密度分布可视化为平滑的密度曲线有助于揭示数据中的隐藏信息. 以下是核密度估计在数据探索与可视化中的关键应用.

第一，核密度估计通过绘制概率密度曲线直观地展示数据的分布特点. 不同的数据分布（如正态分布、偏态分布或双峰分布）将在密度曲线中表现出明显的差异. 研究人员可以从中识别出数据集的集中趋势、峰值位置，以及分布的对称性或偏斜程度.

第二，密度曲线的低密度区域通常表示数据中的异常值或极端值. 通过核密度估计，研究人员可以识别出位于密度较低区域的数据点，从而检测到异常值，这在数据清洗和异常检测（特别是对大规模数据集的处理）中非常有用.

第三，如果数据集包含多个峰值，即多模态分布，核密度估计能够捕捉到每个峰值的位置和高度. 这有助于确定数据中是否存在不同的数据子群或模式，并进一步指导数据的分类或分割.

第四，利用核密度估计可以比较不同子集或不同时间点的数据分布. 通过绘制多个密度曲线并进行比较，研究人员可以识别出数据中的趋势和关联，如某个特定事件对数据分布的影响.

第五，当数据集包含多个特征时，利用核密度估计还可以探索特征之间的关系. 通过绘制二维核密度估计图，可以可视化特征之间的联合分布，帮助识别特征之间的相关性或独立性.

第六，有时，数据在原始尺度上可能不满足正态分布或其他假设，而利用核密度估计可以确定是否需要应用数据变换（如对数变换）以更好地适应模型假设.

6.6.2.2 突出异常值

（1）异常检测.

可以利用核密度估计检测数据集中的异常值. 异常值通常会导致核密度估计曲线出现低密度区域. 通过设置适当的阈值，可以识别并突出异常值，进而进行进一步的分析或处理. 这对于金融领域中的欺诈检测、网络安全中的入侵检测，以及制造业中的产品质量控制都非常重要.

（2）数据清洗.

在数据清洗过程中，可以利用核密度估计来发现数据中的异常点. 这些异常点可能是由于数据录入错误、传感器故障或其他问题引起的. 通过突出异常值，可以更加精确地修复或删除这些异常点，以提高数据的质量和准确性.

（3）金融欺诈检测.

在金融领域，核密度估计可被用于检测异常的交易行为. 欺诈交易通常具有与正常交易不同的特征，如金额异常、交易频率异常等. 利用核密度估计，可以标识出位于分布尾部的交易，这些交易可能需要进一步审查以防止欺诈.

6.6.2.3 分布估计

（1）概率密度函数估计.

核密度估计主要被用来估计未知分布的概率密度函数. 通过对数据进行核密度估计，可以获得数据的平滑概率密度曲线，而无须事先假设数据的具体分布形式. 这对于了解数据的分布特性非常有帮助，尤其是当数据不满足正态分布等经典假设时.

（2）置信区间构建.

还可用核密度估计构建置信区间. 通过对估计的概率密度函数进行分析，可以确定在不同置信水平下的置信区间. 这对于参数估计的不确定性分析和假设检验非常有用.

（3）参数估计.

利用核密度估计可以估计分布的参数，例如，估计分布的均值、方差、分位数等. 这对于分布的参数化建模非常有帮助，尤其是在缺乏先验分布信息时.

（4）假设检验.

通过比较两个或多个样本的核密度估计曲线，可以进行假设检验，以确定它们是否来自同一分布或具有相似的分布特性.

6.6.2.4 信号处理

（1）音频信号处理.

在进行音频信号处理时，可以利用核密度估计来估计音频信号的概率密度分布. 这对于分析音频信号的特征和属性非常有用. 例如，可以使用核密度估计来估计音频信号的能量分布，帮助识别音频信号中的语音段落和音频事件. 此外，核密度估计还可用于声音信号的音高估计和频谱特征提取.

（2）图像处理.

在图像处理领域，核密度估计被广泛应用于图像分析和特征提取. 如估计图像中像素值的概率密度分布，这有助于图像分割、图像去噪和图像增强等. 核密度估计可以帮助检测图像中的目标区域和图像中的异常点，从而提高图像处理的准确性和效率.

（3）信号检测.

在通信领域和雷达系统中，可以利用核密度估计进行信号检测和信号处理. 通过估计信号的概率密度分布，检测和识别不同类型的信号，从而实现数据传输和通信系统的优化，还可以提高信号处理系统的性能.

（4）时间序列分析.

在时间序列分析中，可以利用核密度估计来估计时间序列数据的概率密度分布. 这对于分析时间序列数据的趋势、周期性和异常值非常有用. 利用核密度估计还可以预测未来时间序列数据的分布，帮助决策制定和风险管理.

第 7 章　回归与相关分析

7.1　线性回归分析

7.1.1　线性回归模型的引入

线性回归分析是一种建立和解释变量之间线性关系的统计方法. 它在各种领域中都有广泛应用，如经济学、生物学、社会科学等. 线性回归模型的基本思想是通过一个线性方程来描述自变量（独立变量）与因变量（依赖变量）之间的关系，计算公式见 5.5.2 中的式（5-4）. 线性回归的目标是估计回归系数，以便建立一个能够最好地拟合观测数据的线性模型.

7.1.2　线性回归参数的估计和检验

线性回归模型的核心任务是估计回归系数和进行假设检验，从而判断自变量对因变量的影响是否存在.

7.1.2.1　参数估计

为了估计回归系数，通常采用最小二乘法. 这个方法的目标是最小化观测数据与模型预测值之间的平方差，从而找到最佳拟合线. 回归系数的估计值通常通过数学计算得出，而最小二乘法是最常见的估计方法.

7.1.2.2 假设检验

在线性回归中，假设检验用于确定回归系数是否显著不同于零. 常见的假设检验包括以下三种：

（1）检验截距.

通过检验 H_0：$\beta_0=0$ 来确定模型是否需要截距项. 如果拒绝原假设，表示模型应该包括截距.

（2）检验回归系数.

对每个自变量 x_i，可以分别检验 H_0：$\beta_i=0$，以确定该自变量对因变量是否有显著影响.

（3）全局假设检验.

F 检验可用来检验整个模型的显著性，即 H_0：$\beta_1=\beta_2=\cdots=\beta_p=0$. 如果拒绝原假设，表示至少有一个自变量对因变量产生显著影响.

假设检验的结果通常以 p 值表示，p 值小于显著性水平（通常为 0.05）时，拒绝原假设，认为回归系数显著不同于零.

线性回归分析通过建立线性模型来描述自变量与因变量之间的关系，并使用最小二乘法估计回归系数. 假设检验帮助确定哪些系数显著，从而提供关于变量之间关系的重要信息.

7.2 多元回归分析

多元回归分析是一种广泛应用于统计学和社会科学领域的方法，用于研究多个自变量与一个因变量之间的关系. 构建多元回归模型的关键步骤包括收集数据、模型选择、回归系数估计和模型评估.

7.2.1 收集数据

在进行多元回归分析之前，必须首先收集相关数据，数据的质量和适当性非常重要.

（1）确定研究目的和问题.

在开始数据收集之前，需要明确研究的目的和问题. 这有助于确定需要收集的数据类型和要回答的问题类型.

（2）选择适当的样本.

样本的选择是数据收集的关键部分. 样本应该能够代表研究的总体. 随机抽样通常是确保样本具有代表性的有效方法. 此外，还需要考虑样本的大小，以确保具有足够的统计功效.

（3）数据类型和测量方法.

数据类型可以是定量或定性的. 定量数据是连续型的，如温度、销售额等. 定性数据是分类型的，如性别、地区等. 根据数据类型选择适当的测量方法，包括问卷调查、观测、试验或使用已有数据库.

7.2.2 模型选择

在进行多元回归分析时，模型选择是至关重要的环节. 它涉及确定应该包括在回归模型中的自变量，以便最好地解释因变量的变化. 模型选择的目标是找到一个简单而有效的模型，以避免过度拟合或包括不相关的自变量.

（1）领域知识的应用.

在模型选择过程中，领域知识是至关重要的. 研究人员需要了解研究主题，以便确定哪些自变量在理论上应该与因变量相关. 这有助于缩小模型选择的范围，并提供有关可能的自变量的线索.

（2）特征选择方法.

特征选择是一种常见的模型选择方法，它包括前向选择、后向删除和逐步回归等技术. 这些方法基于统计指标（如赤池信息量准则或贝叶斯信息准则）来评估不同模型的性能. 前向选择从一个空模型开始，逐步添加最相关的自变量，直到模型性能停止提高；后向删除则从包含所有自变量的模型开始，逐步删除最不相关的自变量；逐步回归则结合前向和后向方法，它在每一步都考虑添加和删除.

（3）正则化方法.

正则化方法也被用于模型选择. 它们通过对模型系数引入惩罚来限制模型的复杂性，从而有助于选择最重要的自变量.

（4）交叉验证.

交叉验证是一种评估模型性能的有效方法. 可以用它比较不同模型，并确定哪个模型在未见数据上的性能最佳.

7.2.3 回归系数估计

（1）最小二乘法.

最小二乘法是一种常用的回归系数估计方法，其基本思想是通过最小化观测值与模型预测值之间的残差平方和来找到最佳拟合线.

第一步，残差计算.

对于每个观测值，计算其实际观测值与模型预测值之间的残差，即误差项.

第二步，残差平方和最小化.

目标是找到一组回归系数，使所有观测值的残差平方和最小化. 这可以通过求解一个最小化目标函数的优化问题来实现.

第三步，系数解释.

回归系数表示自变量对因变量的影响程度. 正系数表示自变量与因变量正相关，负系数表示自变量与因变量负相关，系数的大小表示影响的强度.

（2）最小二乘法的性质和注意事项.

a.无偏性：在满足线性、方差性、独立性和正态性等前提条件下，最小二乘法估计的回归系数是无偏的，即估计值的期望等于真实值.

b.最小二乘估计是最优估计：在满足前提条件的情况下，最小二乘估计是具有最小方差的线性无偏估计.

c.异常值的影响：最小二乘法对异常值较为敏感，一个或多个异常值可能对估计系数产生较大的影响. 因此，在回归分析中需要谨慎处理异常值.

d.多重共线性问题：如果自变量之间存在高度相关性，即多重共线性，会导致回归系数的估计不稳定. 这时，可能需要采用正则化方法来稳定估计.

7.2.4 模型评估

在多元回归分析中，模型评估是确保回归模型在解释和预测方面具有良好性能的关键步骤. 模型评估的主要目标是检查模型的拟合情况和性能，并确保模型满足一些关键的假设和标准.

7.2.4.1 残差分布

残差是观测值与模型预测值之间的差异. 在模型评估中，需要检查残差是否满足一些关键的假设.

（1）正态性.

残差应该近似服从正态分布. 可以使用正态概率图或残差直方图来检查残差的正态性. 如果残差不是正态分布，可能需要进行变换或考虑使用非线性模型.

（2）独立性.

残差应该是独立的，即一个观测值的残差不应该与其他观测值的残差相关. 这可以通过残差的自相关图来检查.

（3）同方差性.

残差的方差应该是恒定的，即残差的方差不应该随着因变量的值而变化. 可以使用残差-拟合图或残差的方差检验来检查同方差性.

7.2.4.2 模型拟合度

模型拟合度评估模型对数据的拟合程度，通常使用以下指标：

（1）R^2.

R^2测量模型解释因变量方差的比例，取值范围在 0 到 1 之间. 更高的 R^2值表示模型能够更好地解释因变量的变异性. 但需要注意，R^2并不能告诉我们模型是否具有预测能力，因此需要综合考虑其他因素.

（2）调整 R^2.

调整 R^2考虑了模型中使用的自变量数量，因此更适用于比较不同模型. 较高的调整

R^2表示模型在使用较少自变量的情况下也能较好地拟合数据.

7.2.4.3 多重共线性

多重共线性是指自变量之间存在高度相关性的情况，这可能导致回归系数的估计不稳定. 在模型评估中，需要检查自变量之间是否存在多重共线性，并采取适当的措施来处理它，如去除高度相关的自变量或使用正则化方法.

7.3 相关分析

7.3.1 相关分析的概念与方法

相关分析是一种统计方法，可以用相关分析来研究两个或多个变量之间的关系或联系，以理解变量之间是如何相互关联的，这对于预测、决策制定和洞察数据中的模式非常重要. 相关分析的主要目标是确定变量之间的相关性程度，以及这种相关性的性质（正相关还是负相关）.

相关分析有多种方法，其中两个主要的方法是皮尔逊相关系数和斯皮尔曼相关系数.

（1）皮尔逊相关系数.

皮尔逊相关系数用于测量两个连续变量之间的线性关系的强度和方向. 它的取值范围在-1 到 1 之间，其中 1 表示完全正相关，-1 表示完全负相关，0 表示无相关关系. 皮尔逊相关系数适用于连续型数据和线性关系的分析.

（2）斯皮尔曼相关系数.

斯皮尔曼相关系数是一种用于测量两个变量之间单调关系的统计方法，不要求数据呈线性关系. 它的计算步骤如下：

第一步，对两个变量的观测值进行排序，并为每个值分配秩次，秩次通常从 1 开始，依次递增. 如果有相同的取值，可以为它们分配平均秩次.

第二步，对应的秩次对构成一对有序数据.

第三步，计算有序数据的差异（差值）.

第四步，对差值的平方进行求和运算.

第五步，使用公式计算斯皮尔曼相关系数.

斯皮尔曼相关系数的取值范围也在-1到1之间，具体解释方式与皮尔逊相关系数类似，但不依赖于数据的具体分布，主要用于捕捉两个变量之间的单调关系.

7.3.2 相关系数的计算和解释

7.3.2.1 相关系数的计算

（1）皮尔逊相关系数的计算.

步骤一：数据准备.

收集并准备两个变量的观测值数据. 这些数据可以是成对的，其中一个变量作为自变量（通常表示为X），另一个变量作为因变量（通常表示为Y）. 确保数据是连续型的，因为皮尔逊相关系数适用于分析连续变量之间的关系.

步骤二：配对观测值.

对两个变量的每一对观测值进行配对，确保每个X观测值都有对应的Y观测值. 这将创建一组观测值对，每个对应一次观测.

步骤三：计算乘积.

计算每次观测值的乘积. 这意味着将每个X观测值与相应的Y观测值相乘. 这一步骤捕捉到了X和Y之间的联合变化.

步骤四：求和.

对所有乘积进行求和. 这将给出一个值，表示X和Y的联合变化的总和.

步骤五：计算平方和.

分别计算X和Y的观测值的平方和. 这将分别表示X和Y的变化的总和.

步骤六：计算相关系数.

皮尔逊相关系数的计算公式为

$$r=\frac{\sum XY-\frac{\sum X\sum Y}{n}}{\sqrt{[\sum x^2-\frac{(\sum X)^2}{n}][\sum Y^2-\frac{(\sum Y)^2}{n}]}}. \tag{7-1}$$

其中，n 表示观测值的数量.

皮尔逊相关系数的取值范围在-1 到 1 之间. 如果 r 接近 1，则表示 X 与 Y 之间存在强正相关关系，即当 X 增加时，Y 也增加；如果 r 接近-1，则表示 X 和 Y 之间存在强负相关关系，即当 X 增加时，Y 减少. 如果 r 接近 0，则表示 X 和 Y 之间没有线性相关关系.

（2）斯皮尔曼相关系数的计算.

步骤一：数据准备.

收集并准备两个变量的观测值数据. 这些数据可以是成对的，其中一个变量作为自变量（通常表示为 X），另一个变量作为因变量（通常表示为 Y）. 确保数据是有序的或有秩次的，因为斯皮尔曼相关系数适用于分析有序数据.

步骤二：秩次分配.

对两个变量的观测值进行排序，并为每个值分配秩次. 秩次通常从 1 开始，依次递增. 如果有相同的取值，可以为它们分配平均秩次.

步骤三：构建有序数据对.

将对应的秩次对构建成一组有序数据对. 每个数据对包含一个 X 的秩次和一个 Y 的秩次.

步骤四：计算差异.

对每个数据对的秩次差异进行计算，即 Y 的秩次减去 X 的秩次，得到差值.

步骤五：差异的平方和.

对差值的平方求和，得到一个总和. 这表示了 X 和 Y 之间的秩次差异的总体情况.

步骤六：计算斯皮尔曼相关系数.

斯皮尔曼相关系数的计算公式见本书 6.5.1 中的式（6-1）.

斯皮尔曼相关系数的取值范围在-1 到 1 之间. 如果 ρ 接近 1，则表示 X 和 Y 之间存在强正相关的单调关系. 如果 ρ 接近-1，则表示 X 和 Y 之间存在强负相关的单调关系.

7.3.2.2 相关系数的解释

（1）皮尔逊相关系数的解释.

当 r=1 时，表示完全正相关，即两个变量呈线性正相关关系.

当 r= -1 时，表示完全负相关，即两个变量呈线性负相关关系.

当 r=0 时，表示无线性相关关系.

此外，$|r|$可以用来测量相关性的强度：

a.当$|r|<0.3$时表示弱相关；

b.当$0.3\leqslant|r|<0.7$时表示中等相关；

c.当$|r|\geqslant0.7$时表示强相关.

（2）斯皮尔曼相关系数的解释.

斯皮尔曼相关系数是一种测量两个变量之间单调关系的统计指标. 与皮尔逊相关系数不同，斯皮尔曼相关系数不依赖于数据的具体分布，因此适用于各种数据类型和分布情况.

a.单调关系.

当ρ接近1时，表示两个变量之间存在强正相关的单调关系. 这意味着随着一个变量的增加，另一个变量也倾向于增加.

当ρ接近-1时，表示两个变量之间存在强负相关的单调关系. 这意味着随着一个变量的增加，另一个变量倾向于减少.

当ρ接近0时，表示两个变量之间没有明显的单调关系.

b.排序和秩次.

斯皮尔曼相关系数的计算基于数据的排序和秩次分配. 首先，对两个变量的观测值进行排序，然后为每个值分配秩次，通常从1开始，依次递增. 如果有相同的取值，可以为它们分配平均秩次.

c.异常值的影响.

斯皮尔曼相关系数对异常值的影响较小，因为它是基于秩次而不是原始值计算的. 因此斯皮尔曼相关系数在处理包含异常值的数据时更为稳健，不会受到极端值的干扰.

第 8 章　抽样理论与统计建模

8.1　简单随机抽样

简单随机抽样的基本原理是从总体中以随机方式选择样本，以确保每个个体有相同的机会被选中. 这意味着每个样本都是相互独立的，且每个样本都有相同的概率被选中.

8.1.1　随机性和代表性

随机抽样的基本原理根植于概率统计的核心概念，其中包括随机性和代表性两个关键要素. 这两个要素是保证简单随机抽样的有效性和可信度的基础.

随机性是指抽样过程中的每个步骤都要依靠随机选择，即每个个体被选入样本的机会是完全随机且相等的. 这意味着没有人为的干预或主观偏见，保证样本的无偏性. 可以通过随机数生成器、抽签、随机抽样工具等方式来实现.

代表性是指样本应当能够准确地反映总体的特征和属性. 简单随机抽样的目标之一就是获得代表性样本，使其具有与总体相似的统计特征. 这能保证从样本中获得的信息可以泛化到总体中，因此对总体参数的估计是可信的. 代表性的实现依赖于随机性，因为随机性消除了个体被选择的可能性偏差，保证每个个体都有平等的机会成为样本的一部分.

8.1.2 独立性

简单随机抽样的另一个关键原理是样本中个体之间的独立性. 这意味着每次抽取一个个体后，将其放回总体中或不放回都不会影响下一次抽样的概率，即前一次抽样的结果对后一次抽样没有影响.

独立性原则的重要性在于它能保证样本中个体的选择是随机的且互不相关的. 如果个体之间存在依赖或相关性，就会影响估计的准确性. 通过保持个体之间的独立性，简单随机抽样可以使样本的估计更为可靠和准确.

在实际抽样过程中，独立性通常通过两种方式来实现. 一种是放回抽样，即每次抽样后将个体放回总体中，使其有机会再次被选中. 另一种是不放回抽样，即每次抽样后将个体从总体中移除，以确保不会重复选中. 抽样方法的选择取决于研究的具体需求和总体的特性.

8.1.3 随机数生成器

为了实现随机性和独立性，通常需要使用随机数生成器或随机抽样工具来进行抽样. 随机数生成器是一种计算机程序或设备，可以生成随机的数字或序列，以确定样本中的个体被选中的概率. 随机数生成器通常基于一些随机性的物理过程或算法，确保了生成的数字具有统计上的随机性.

在现代计算机科学和统计学中，随机数生成器是非常常见的工具，被广泛用于模拟试验、抽样调查、蒙特卡洛方法等领域，以确保随机性和独立性的要求得到满足. 不同的随机数生成器具有不同的性质和随机性水平，因此在选择随机数生成器时需要考虑具体的应用需求和统计性质.

8.1.4 概率论基础

随机抽样的原理和方法基于概率论的理论基础. 概率论提供了抽样误差的理论框架，允许根据样本容量、总体特征和抽样方法来估计估计量的精确性和可信度.

在概率论中，可以使用抽样分布和抽样误差的概念来研究样本估计的性质. 抽样分布描述了一个估计量在多次随机抽样中的变化情况，而抽样误差则是样本估计与总体参数之间的差异. 通过概率论的方法，可以计算抽样误差的期望值、方差和置信区间，从而评估估计的精确性和可信度.

这一理论基础为研究人员提供了工具，使他们能够根据样本的特性和研究问题的需求来选择适当的抽样方法和样本容量. 概率论也提供了理论依据，帮助人们理解为什么随机抽样是有效的，以及如何解释样本估计的不确定性.

8.1.5 无偏性估计

无偏估计是指样本均值与总体均值之间的数学关系，保证样本均值作为总体均值的估计不受偏差. 换句话说，无偏估计的期望值等于真实参数值.

无偏估计的重要性在于它保证了样本估计的准确性和可信度. 如果估计是有偏的，那么即使在大量的重复抽样中，平均估计值也不会接近真实的总体参数值. 因此，无偏估计是简单随机抽样的一个关键目标，即保证样本估计的有效性.

8.1.6 抽样误差控制

随机抽样的原理还涉及抽样误差的控制. 抽样误差是样本估计与总体参数之间的差异，它可以由多种因素引起，如样本容量、抽样方法、总体特征等. 随机抽样的目标之一是最小化这种误差，以保证样本估计的可靠性.

8.2 简单随机抽样的方法和应用

8.2.1 常见的随机抽样方法

8.2.1.1 抽签法

（1）抽签法的基本原理.

抽签法是一种随机抽样方法，其核心原理是通过随机选择，以确保每个个体被选入样本的机会是相等的. 这种方法的起源可以追溯到古代，当时人们使用物理抽签的方式来做出决策或进行抽样.

（2）抽签法的步骤.

第一步，研究人员需要为研究对象准备唯一的标签或编号. 这些标签可以是纸片、卡片、数字或任何可区分个体的标识符. 每个个体都应该有一个唯一的标签，以确保抽样的唯一性和随机性.

第二步，将准备好的标签或编号放入一个容器中. 这个容器可以是一个袋子、一个箱子、一个碗或任何可以容纳标签的物品. 在放入容器时，要确保标签之间没有明显的顺序或规律，以维护随机性.

第三步，随机抽取的过程通常由一个独立的人或计算机来执行，从容器中随机抽取一定数量的标签，这些标签所代表的个体将被包括在样本中. 抽取的数量可以根据研究的需要来确定，通常应足够大以获得具有代表性的样本.

第四步，一旦完成抽取，被选中的个体或样本将被记录下来，并用于研究或试验的进一步分析. 在分析中，研究人员可以使用统计方法来推断总体的特征或进行试验研究.

尽管抽签法在某些情况下非常实用，但也存在一些限制. 比如，对于大规模研究或抽样，手动抽取大量标签可能会非常耗时；抽签法要求标签必须是唯一的，因此在一些情况下，如调查大型人口群体，可能不太实际. 因此，在选择抽样方法时，研究人员需要综合考虑研究规模、资源可用性和样本代表性等因素.

8.2.1.2 随机数生成法

（1）随机数生成法的基本原理.

随机数生成法是一种现代化的随机抽样方法，其基本原理是利用计算机或随机数生成设备产生具有随机性质的数字序列，然后将这些数字与个体的标识符或编号相对应，以确定哪些个体被选入样本. 与传统的手动抽签法相比，随机数生成法更加高效、可控制，并且适用于大规模的抽样研究.

（2）随机数生成法的步骤.

第一步，为研究总体中的每个个体分配一个唯一的标识符或编号. 这些标识符可以是整数、字母、数字组合或任何可识别个体的符号.

第二步，随机数生成法的核心在于使用随机数生成器. 随机数生成器是一种能够产生伪随机数的算法或设备. 这些伪随机数在统计学中具有随机性质，但实际上是根据初始种子值生成的. 计算机程序中的随机数生成器通常以伪随机数的方式工作，但它们在研究中通常足够随机.

第三步，使用随机数生成器生成一系列随机数，通常在 0 到 1 之间. 然后，将这些随机数与个体的标识符或编号相对应，以确定哪些个体被选入样本. 通常，如果生成的随机数小于某个预定的概率阈值，个体就被选入样本. 例如，如果生成的随机数小于 0.5，则个体被选中的概率为 50%.

第四步，一旦确定了哪些个体被选入样本，这些个体的数据将被收集并用于研究或试验的进一步分析. 在分析中，研究人员可以使用统计方法来推断总体的特征、进行假设检验或进行建模分析.

8.2.1.3 表格法

（1）表格法的基本原理.

表格法是一种随机抽样方法，它依赖于预先准备好的随机数表或随机数列. 这种方法的核心原理是通过随机数来选择样本，以确保样本的随机性和代表性. 表格法通常局限于小规模抽样，特别是在没有计算机或随机数生成器的情况下，它提供了一种手动生成随机数的方式.

（2）表格法的步骤.

第一步，为个体分配唯一编号，为研究对象或个体分配唯一的标识符或编号. 这些编号通常以数字、字母或其他字符的形式存在，以便在后续步骤中进行操作.

随机数表是预先生成的包含随机数的表格，每个随机数都是独立且具有随机性的. 这些表格可以提前准备，或者使用专门的随机数生成软件生成. 另一种方法是使用已有的随机数列，如从天气数据、股票价格或其他源头中提取的数据.

第二步，将生成的随机数与个体的编号相对应，以确定哪些个体被选入样本. 通常，可以将随机数与编号相乘或者按照某种规则来选择个体. 这个过程是手动进行的，需要按照随机数表或列中的数值依次选取个体.

第三步，被选中的个体或样本将被记录下来，并被用于研究或试验的进一步分析. 与其他随机抽样方法类似，表格法产生的样本应当具有代表性，以保证研究结果的可信度.

8.2.1.4 轮盘赌法

轮盘赌法是一种基于排序的随机抽样方法，适用于连续的个体排序：

按照某个特征对个体进行排序，如按照身高从低到高排序；

生成一个随机数，通常在 0 到 1 之间；

将随机数与个体的排序位置对应，从而选择个体.

轮盘赌法的优点在于可以根据个体在总体中的特征来进行抽样，使得抽样更有代表性. 它通常被用于选择试验参与者或调查受访者，以保证样本在某个特征上的分布符合总体分布.

8.2.2 应用领域

（1）市场研究.

市场研究旨在了解市场需求、消费者行为和竞争环境. 随机抽样确保了样本的随机性和代表性，从而使研究结果更有说服力和普适性.

例如，一家公司可以随机抽取一组顾客并要求他们评价其产品，以了解产品的质量和市场需求.

（2）医学研究.

医学研究的目标之一是评估药物或治疗方法的疗效和安全性. 随机抽样在临床试验中被用于随机分配患者到治疗组和对照组，以确保实验结果的可信度. 随机抽样消除了患者选择的偏差，使得不同治疗组之间更有可比性.

例如，在一种新型抗生素的临床试验中，可以通过随机抽样将患者分为接受新抗生素和接受传统抗生素两组，以评估新药的治疗效果.

（3）社会科学研究.

社会科学研究旨在了解人类行为、社会互动和社会趋势. 随机抽样确保了研究样本的随机性和代表性，以便从样本中得出关于总体的推论. 社会科学研究中的随机抽样通常涉及随机选择受访者进行调查、试验或观察.

8.3 统计建模的基本步骤

8.3.1 问题定义和建模目标

8.3.1.1 问题定义

（1）问题描述.

清晰地描述需要解决的问题，确保大家都对问题的本质有共识. 例如，如果处理销售数据，可以将问题描述为“如何提高下一季度的销售额”.

（2）问题的背景和上下文.

考虑问题所处的环境和上下文. 了解问题的历史、相关方和问题的紧迫性等因素，有助于更好地定义问题.

（3）问题的范围.

界定问题的范围，以便明确哪些方面需要考虑，哪些方面可以忽略. 例如，问题可能只涉及特定产品线或地理区域.

8.3.1.2 建模的最终目标

（1）分类.

如果目标是将数据分为不同的类别或标签，那么建模的类型是分类. 例如，根据客户特征预测他们是否会购买产品（二分类问题）.

（2）回归.

如果目标是预测连续数值（如销售额、房价等），那么建模的类型是回归.

（3）聚类.

如果目标是将数据点分为具有相似特征的群组，那么建模的类型是聚类. 例如，根据购买行为对顾客进行不同的市场细分.

（4）预测.

如果目标是根据历史数据预测未来事件或趋势，那么建模的类型可能是时间序列分析或预测建模.

8.3.2 数据的收集和获取

8.3.2.1 数据来源的确定

在数据的收集和获取阶段，首要任务是确定数据的来源. 数据可以来自多个渠道，具体取决于问题的性质和可用性.

（1）数据库.

组织内部的数据库是一个常见的数据来源，包括客户信息、交易记录、销售数据等. 这些数据通常被存储在关系型数据库管理系统中.

（2）调查问卷.

通过设计和分发调查问卷，可以收集关于受访者观点、偏好和经验的数据. 这种数据通常是定性和定量混合的.

（3）传感器.

物理传感器和设备可以提供实时数据，如气象站的气象数据、工厂机器的运行状态等.

（4）社交媒体.

社交媒体平台上的数据包括用户发布的文本、图片、视频等，利用这些数据可以进行情感分析、社交网络分析等.

（5）日志文件.

应用程序、系统或服务器生成的日志文件包含运行时的信息，可用于性能监测、故障排除等.

根据问题的性质，可能需要从一个或多个来源收集数据. 重要的是确保数据的来源合法、可靠.

8.3.2.2 数据质量评估

数据质量是数据分析和建模的关键因素之一. 在收集数据之后，需要进行数据质量评估，以确保数据的可用性和准确性.

（1）完整性,

数据应当包含所有必要的字段和记录，确保数据不缺失关键信息对于建模非常重要.

（2）准确性.

数据中的数值应当准确无误，数据的准确性直接影响模型的可靠性.

（3）一致性.

数据应当在不同时间和地点保持一致，如果不一致可能导致分析和建模的不一致性.

（4）时效性.

数据应当具有时效性. 某些应用需要实时数据，而其他应用则可以使用历史数据.

8.3.3 数据探索和理解

8.3.3.1 数据探索

在数据探索阶段，研究人员致力于探索数据集中的各种特性和模式.

（1）数据分布.

需要了解数据的分布情况. 这包括数值型变量和类别型变量的分布. 通过直方图、箱线图等可视化工具，可以快速了解数据的分布形态，如正态分布、偏态分布等.

（2）统计性质.

需要计算数据的基本统计性质，如均值、中位数、标准差、最小值和最大值. 这些统计指标有助于了解数据的集中趋势和离散程度.

（3）相关性分析.

如果数据集包含多个变量，可以通过相关性分析来了解变量之间的关系. 相关性矩阵和散点图是探索变量之间关联的常见工具.

（4）异常值检测.

检测和处理异常值是数据探索的一部分. 异常值可能会干扰模型的性能，因此需要识别并采取相应措施.

（5）缺失值分析.

了解数据中的缺失值情况也很重要. 缺失值的处理策略应当在数据预处理阶段确定，但在数据探索阶段，需要知道缺失值的分布和影响.

8.3.3.2 数据理解

数据理解是数据探索的延伸，目的是更深入地理解数据集的内在特性.

（1）特征工程.

基于数据探索的结果，可以进行特征工程，包括创建新的特征、转换特征或选择最重要的特征. 好的特征工程可以改善建模性能.

（2）数据可视化.

数据可视化在数据理解中起着关键作用. 通过绘制图表和图形，可以更好地理解数据的模式和趋势.

（3）模式识别.

在数据理解阶段，还可以尝试识别数据中的模式，如时间序列中的季节性、聚类分析中的群组等.

（4）了解领域知识.

与数据的领域专家交流是数据理解的一部分. 领域知识可以帮助研究人员更好地理解数据的含义和背后的业务逻辑.

8.3.4 数据预处理和特征工程

数据预处理是清洗和准备数据的过程，它包括处理缺失值、处理异常值、标准化数据等. 特征工程是创建新特征或转换原始特征的过程，以便于建模. 好的特征工程可以显著提高模型的性能. 在这一步骤中，还需要考虑特征选择和降维方法，以降低模型的复杂性，提高建模效率.

8.3.4.1 数据预处理

数据预处理是统计建模中非常重要的一步，它有助于确保数据的质量和适用性.

（1）处理缺失值.

识别和处理数据中的缺失值的常见方法包括删除带有缺失值的样本、使用均值或中位数填充缺失值、利用模型进行插补等. 选择哪种方法取决于数据的性质和数值缺失的原因.

（2）处理异常值.

处理数据中的异常值，以避免其对建模过程的干扰. 异常值可能是数据输入错误或极端情况的结果. 处理方法包括删除异常值、将其替换为合适的值、进行变换等.

（3）数据标准化和归一化.

将不同特征的值的范围调整到相同的尺度，以防止某些特征对模型的影响过大. 标准化通常将数据转换为均值为 0，标准差为 1 的标准正态分布；归一化将数据缩放到 0 和 1 之间.

（4）处理分类变量.

对分类变量进行编码，以便于模型处理. 常见的编码方法包括独热编码和标签编码.

（5）特征选择.

选择最相关和最优信息量的特征，以降低模型的复杂性，提高建模效率. 特征选择方法可以基于统计指标、特征重要性或领域知识.

8.3.4.2 特征工程

特征工程涉及创建新特征、转换原始特征，以及选择最重要的特征.

（1）特征创建.

通过组合、变换或衍生原始特征，创建新的特征，以提供更多信息或捕捉数据中的模式. 例如，可以计算特征之间的差值、比率、多项式特征等.

（2）特征选择.

选择最相关和最优信息量的特征，以降低维度，提高模型效率. 可以使用统计测试、特征重要性评估、正则化等方法进行特征选择.

（3）降维.

如果数据维度非常高，可以考虑降维方法，如主成分分析或线性判别分析，以减少特征数量并保留数据的主要信息.

（4）交互特征.

考虑特征之间的交互作用，如交叉特征. 这有助于捕捉特征之间的复杂关系.

（5）领域知识.

利用领域知识来引入专业特征，这些特征可能在模型中具有重要的解释性和预测性.

8.3.5 模型选择和训练

8.3.5.1 模型选择

模型选择是统计建模过程中的关键环节，它决定了使用哪种建模技术来解决特定问题. 以下是模型选择的一些关键因素：

（1）问题类型.

确定问题的类型是分类问题、回归问题、聚类问题还是其他类型. 不同类型的问题可能需要不同类型的模型. 例如，分类问题可以使用决策树、支持向量机、神经网络等，而回归问题可以使用线性回归、随机森林等.

（2）数据特点.

了解数据的特点对模型选择至关重要. 例如，数据是否线性可分、是否存在多重共线性、是否具有高维度等都会影响对模型的选择. 对于高维数据，可以考虑使用降维技术，如主成分分析.

（3）模型复杂度.

在模型选择中需要权衡模型的复杂度和性能. 过于复杂的模型可能会过度拟合训练

数据，而过于简单的模型可能会欠拟合. 可以使用交叉验证等方法来评估模型的性能.

（4）领域知识.

领域知识可以指导模型的选择. 有时，特定领域的问题可能对某种类型的模型更有解释性和适用性.

8.3.5.2 模型训练

一旦选择了合适的建模技术，就需要进行模型训练. 模型训练是使用训练数据来拟合模型参数的过程，以便模型能够对未见过的数据进行预测.

（1）数据划分.

将数据划分为训练集和测试集，通常采用 70-30 或 80-20 的比例. 训练集用于训练模型，测试集用于评估模型性能.

（2）模型拟合.

使用训练集的数据对选择的模型进行拟合，估计模型参数. 拟合的过程通常涉及最小化损失函数或最大化似然函数.

（3）超参数调优.

根据模型的性能表现，可以调整模型的超参数，以优化模型的性能. 超参数是在训练前需要手动设置的参数，如学习率、树的深度等.

（4）模型评估.

使用测试集的数据来评估模型的性能. 常用的性能指标包括准确率、均方误差、对数损失等，选择适合问题类型的评估指标.

（5）模型验证.

为了确保模型的泛化能力，可以使用交叉验证等方法来验证模型的性能. 交叉验证可以帮助检测模型是否存在过拟合或欠拟合问题.

8.3.6 模型评估和验证

8.3.6.1 模型评估

（1）选择评估指标.

根据问题的性质选择适当的评估指标. 例如，对于分类问题，可以使用准确率、精确度、召回率、F1 分数等指标，而对于回归问题，可以使用均方误差、平均绝对误差等指标.

（2）使用测试数据集.

将独立于训练数据的测试数据集用于评估模型. 这些数据没有用于模型的拟合或参数估计，因此可以用于模拟模型在未来数据上的性能.

（3）计算评估指标.

根据选定的评估指标，使用测试数据集计算模型的性能. 不同的指标提供了不同的视角，有助于全面了解模型的表现.

（4）解释评估结果.

解释模型的评估结果，并根据结果确定模型的优势和不足. 这有助于识别模型的改进方向.

8.3.6.2　模型验证

模型验证是为了确保模型的泛化能力，避免过拟合或欠拟合.

（1）交叉验证.

交叉验证是将数据集划分为多个子集，然后多次训练和验证模型，以评估模型在不同数据子集上的性能. 常见的交叉验证方法包括 K 折交叉验证和留一交叉验证.

（2）验证曲线.

通过绘制学习曲线或验证曲线，可以可视化模型性能随训练样本数量或超参数变化的变化情况. 这有助于确定模型是否存在过拟合或欠拟合问题.

（3）网格搜索.

网格搜索是一种通过遍历不同的超参数组合来选择最佳模型的方法. 它可以自动化地确定最佳超参数设置，以提高模型的性能.

（4）集成方法.

集成方法如随机森林和梯度提升可以提高模型的泛化能力，通过组合多个模型的预测结果来降低模型的方差.

8.3.7 模型部署和监测

8.3.7.1 模型部署

（1）集成到应用程序或系统.

将经过验证的模型嵌入实际应用程序或系统中，以便进行实时预测或决策. 这可能涉及与现有系统的集成，或者构建新的应用程序来利用模型的预测能力.

（2）性能优化.

在实际环境中，模型的性能可能会受到各种因素的影响，如数据的分布变化、数据质量问题或系统性能. 因此，可能需要对模型进行性能优化，以确保其在实际应用中的表现良好.

（3）安全性和隐私性考虑.

在部署模型时，必须考虑数据的安全性和隐私性. 对敏感信息采取适当的保护措施，防止潜在的安全威胁.

8.3.7.2 模型监测

（1）性能监测.

建立性能监测系统，定期检查模型的性能，包括准确性、精度等. 如果模型性能下降，需要及时采取措施来识别问题并解决问题.

（2）数据监测.

监测模型输入数据的质量和分布. 数据的变化可能会导致模型性能下降，因此需要检测和处理数据的异常情况.

（3）模型更新.

定期审查模型，根据新数据和反馈信息来更新模型. 模型更新可以改善模型的预测性能，并使其适应不断变化的环境.

（4）解释性和公平性.

监测模型的解释性和公平性，以确保模型不会引入潜在的偏见或不公平性.

（5）自动化监测.

尽可能使模型监测过程自动化，以减少人工干预，及时发现问题.

参考文献

[1]黄再胜. 高管同酬、激励效率与公司绩效[J]. 财经研究，2016，5(42)：88-98.

[2]胡云峰，何有世. 网络调查中缺失目标总体单元的误差矫正[J]. 中国管理信息化，2008，11(2)：88-90.

[3]马慧敏. 网络调查中的非抽样误差来源与控制[J]. 统计与决策，2011(5)：17-20.

[4]景亚萍，邵培基，李成刚. 基于 EM-NB 算法的网络调查缺失数据处理方法[J]. 技术经济，2014，33(6)：72-76.

[5]刘展，金勇进. 大数据背景下非概率抽样的统计推断问题[J]. 统计研究，2016(3)：11-17.

[6]刘展，金勇进. 基于倾向得分匹配与加权调整的非概率抽样统计推断方法研究[J]. 统计与决策，2016(21)：4-8.

[7]刘展. 自选式网络调查的统计推断研究[J]. 暨南学报（哲学社会科学版），2015(9)：106-111.

[8]刘展，金勇进. 网络访问固定样本调查的统计推断研究[J]. 统计与信息论坛，2017(2)：3-10.

[9]尹旻，陈中东. 探讨数理统计在社会经济领域中的应用[J]. 数学学习与研究，2016(7)：140.

[10]赵航. 浅谈数理统计及其在社会经济领域的运用[J]. 丝路视野，2016(7)：18-19.

[11]张言. 数理统计在数据分析中的应用探讨[J]. 现代信息科技，2018，2(11)：123-124.

[12]姜权. 概率论与数理统计在大数据分析中的应用策略[J]. 山东农业工程学院学报，2018，35(12)：10-11.

[13]关石菡. 数理统计在数据分析中的应用研究[J]. 林区教学，2011(6)：87-88.

[14]沈雪梅，王燕. 数理统计在数据分析中的应用研究[J]. 哈尔滨职业技术学院学报，

2014(4)：101-102.

[15]胥洪燕，陈梦雨. 数理统计在数据分析中的应用研究[J]. 江苏商论，2014(5)：126.

[16]黄近丹. 数理统计方法在分析测试中的应用[J]. 福建分析测试，2016，25(1)：32-34.

[17]严金燕，邹剑，李文艳，等. 数理统计定量分析方法在病案信息挖掘中的应用研究[J]. 中国病案，2013，14(6)：8-10.

[18]冯向阳，孟祥婵. 县域土壤速效钾测试数据数理统计分析应用[J]. 科技创新与生产力，2012(6)：101-103.

[19]张雪峰，宋辉. 概率论与数理统计问题的 MATLAB 求解[J]. 曲阜师范大学学报（自然科学版），2015，41(3)：23-27.

[20]邢书源. 数理统计在数据分析中的应用研究[J]. 学周刊，2019(6)：185-186.

[21]张言. 数理统计在数据分析中的应用探讨[J]. 现代信息科技，2018，2(11)：123-124.

[22]秦秉杰. 数理统计在数据分析中的应用[J]. 中国乡镇企业会计，2018(3)：167-168.

[23]韩云娜，张静. 概率论与数理统计在线课程教学设计与创新：以“全概率公式与贝叶斯公式”为例[J]. 电脑知识与技术，2021，17(13)：115-116.